棉花高产其实很简单

陈　志　黎玉华　陆俊吉　编著

西北农林科技大学出版社

图书在版编目(CIP)数据

棉花高产其实很简单/陈志,黎玉华,陆俊吉编著.—杨凌:西北农林科技大学出版社,2012(2018.3 重印)

ISBN 978-7-81092-704-8

Ⅰ.①棉… Ⅱ.①陈… ②黎… ③陆… Ⅲ.①棉花—高产栽培—栽培技术 Ⅳ.①S562

中国版本图书馆 CIP 数据核字(2012)第 044216 号

棉花高产其实很简单

陈 志 黎玉华 陆俊吉 编著

出版发行	西北农林科技大学出版社		
地　　址	陕西杨凌杨武路 3 号	邮　编:	712100
电　　话	总编室:029—87093105	发行部:	87093302
电子邮箱	press0809@163.com		
印　　刷	虎彩印艺股份有限公司		
版　　次	2012 年 4 月第 1 版		
印　　次	2018 年 3 月第 3 次		
开　　本	850 mm×1168 mm　1/32		
印　　张	5.875		
字　　数	120 千字		

ISBN 978-7-81092-704-8

定价:18.00 元

用农民听得懂的语言为农民服务(序一)

仓廪实而知礼节,衣食足而知荣辱。能够让农民富裕起来,是关系到一个地方安定团结、经济发展的重要环节。而如何让农民稳定持续增收致富,则一直是我们作为农业科普工作者最重要的课题。让农民富裕,无非有三个方面,第一是降低农民对土地的投入成本,第二是提高单位面积农作物的产量,第三是扩展农民的收入来源。

扩展农民收入来源和本书无关,在这里不做说明,我们就说说农民在土地耕作时如何节本增效的事。本书为广大农民讲解大家都十分熟悉的棉花的种植管理技术。多年来,棉花种植一共发生过三次革命性的科技突破,第一次是种植方式的突破,即二十世纪八十年代开始的常规种植改变为薄膜种植,让棉花从每亩200公斤籽棉的常规产量,提高到了每亩300公斤的常规产量。第二次是灌溉方式的突破,即从十年前开始推广的高标准节水滴灌技术,我们也称之为革命性的技术改变,使棉花产量有了质的飞跃,达到每亩300公斤到400公斤。第三次是收获方式的突破,即这两年开始推广的机采棉的系统工程,极大地解放了劳动力,提高了生产效率。这三次革命性的科技突破,给农民带来了巨大的收益。

但是，从另一个方面来说，在推广普及农业科技知识方面，也往往会出现一个尴尬的局面，就是农民的文化素质问题，对农业科普工作者来说，在科技推广上，最大的难题是如何让农民能够接受我们所宣传的东西。以配方施肥为例，我们做了大量取样、摸底、测土和宣传推广工作，但是农民在实际操作中，往往又是按自己的老经验办事。总结原因，就是现在虽有很多棉花种植的科技书籍，但要么是内容高深晦涩，要么是缺乏针对性，缺乏一本能让农民看得懂、学得快、记得住、用得上的科普书籍，而这本书，我认为恰恰达到了这些要求。这本书首先能够将大量很多人看了都头疼的专业术语，转化成了农民能够看得懂的知识；其次，这本书语言通俗化，就如同讲故事一般，深入浅出将科普知识进行了讲解。

用农民听得懂的语言为农民服务，是广大科普工作都一直坚信的一个理念，而这本书，是一个探索的环节，祝愿广大棉农能快乐地接受，同时，也祝愿，农业科普工作越做越好！

李东罡

2012.3

专业书籍也应当写的很好看(序二)

想起了苹果的乔布斯,乔布斯用 iPod,打败了索尼,用 iPhone 打败了黑莓和诺基亚,用 iPad 打败了戴尔。人如果做到这个程度,那么不能够用人来形容了,而是要用神来形容了。

其实,老实说,乔布斯什么都没有做,iPod 无非就是 MP3 升级版本,iPhone 也就是智能手机,iPad 什么都不是,就是一个游戏机而已。但是就凭这几个产品,乔布斯同志,硬是让全世界的人都疯狂了起来……有一点可以说明的是,就是知布斯的营销手段出神入化。人如果做到这种境界,也就不枉此生了。

我们做科研很多年了,做完科研后做科研的推广,我认为光有科研成果是不够的,将科研成果运用到老百姓手中,才是真正的科研。我们的科研成果,从另外的角度来说,比乔布斯的苹果,更能够改变世界。而我们缺少的就是乔布斯的这种营销能力,缺少如同乔布斯一样的人才。所以,我们有很多很多的科研成果没有进行转化。

在深入农业科技成果转化的第一线的时候,我们往往发现,最大的难度并不是科技成果本身,而是农民的接受能力和认知能力。很多时候，对农民进行实用技术的培训花的时间、投入的精力要比计划的超出许多。虽然，这个跟农民本身文化素质有一定的关系，但是最根本的原因在我们农业技术推广人员，没有找到一种与农民沟通的方式和语言。长期以来，我们习惯专业的传授，但是忽略了一点：太专业，或者说用太专业的语言，忽略了农民朋友的接受程度。

专业书籍应当写的很好看，最起码要让农民觉得很好看。抛开所有的繁杂，只要能够对农业科普推广有利，我们就认为这个就是科学的。应了邓小平一句话“不管黑猫白猫，抓住老鼠就是好猫”。

我们需要这种类型的书籍，一个简简单单让农民能够读懂的，喜欢读的书籍。科技推广其实不用太深奥，要人看得懂。

我们更多的时候，应当学习乔布斯，让复杂的东西，简单化——专业书籍也应当写的很好看。

陈　志

2012.3

前　言

关于棉花的书籍,浩如烟海,但是,针对农民而出的,不是特别多。要不就是太过于专业,要不就是太不实用。本来老百姓看书就不是很容易,结果在专业和不实用的棍棒夹击下,很多的书籍就没了推广的力度和价值。

那么,棉农就不学习了吗?显然不是,棉农无论有没有文化,每天都在讨论棉花高产的种植方法,这里面有先辈留下的榜样经验。

很多的专家学者,以推广技术为己任,非常的辛苦,但是,用的是专业语言,让科技与棉农越来越远,我们平常在做培训时,发现很多的农户都听不进去,我们详细做了调查,发现推广人员讲的很多东西太专业了,让农民听不懂,听不懂就没有了兴趣。

棉花种植经验很简单,但是经过专家的包装之后,对于像我们这样学习专业的人,有时候尚且看不懂,更何况是一个没多少专业知识的普通棉农。拿我父亲的话说,一见什么表呀,数字呀,头都大了,有些书还写了很多的公式,不仅父亲,我的头也很大。因为光这些公式,我都要费半天的力气来进行计算,更不用说农民了。

因此，才有这本《棉花高产其实很简单》书籍的诞生。

笔者想通过对专业书籍的“翻译”，将棉农不懂的东西和专业语言，通过棉农能够看懂的方式，来进行解读。

这本书，我们希望写上的是，本书适合于所有想让棉花高产的棉农和多数的喜欢农业的人士看，无论什么文化程度都可以轻松而快乐地阅读。

编　者

2011.8

目　　录

第一章 基本知识

这节很简单,如果大体上都知道后,咱们以后完全要用到这些基本知识,这个就像一个开车的,如果知道一些车的基本构造,那么出了问题的时候,不至于半路没有办法,最起码能够把车弄到修理站。

我们看一下棉花的档案:

棉花,属于生物—植物界—被子植物门—双子叶植物纲—锦葵目—锦葵科—棉属

我们人的档案如下:

人,属于生物—动物界—脊索动物门—哺乳纲—灵长目—人科—人属

根据以上分析,我们和棉花还有亲戚关系,当然亲缘关系有点远,大体上几十亿年前是一家。那个时候都还是一个细胞的祖先,比较遥远。

关于棉花的知识点比较多,所以,咱们挑重点的来说。

一、起源

据相关资料,棉花种植大体起源时间是公元前 7000 年到公元前 5000 年的中美洲墨西哥一带,那个时候预测

世界末日的玛雅文明都还没有出现呢，大体上比我们传说中的黄帝年代还要早很多年。公元前5000年到公元前3000年，棉花又出现在印度河流域。这些数字没有什么特别的意义，只是想告诉大家说，棉花的种植年代已经很久很久了，只是让我们对棉花的出现感激涕零，没有其他大的意义。因为按照惯例来说，这个数字是从某个古墓中挖出来，一大堆所谓的专家鉴定后得出的结论，那个时候，又不像现在这个年代，人连数字和文字还都没有概念呢，见面都是像猿猴一样用吼的年代。所以呢，都是大体推测。对于推测的东西，就不用太较真了。

但是在中国，棉花的引进和种植是有明确记载的，有文献显示在公元前800年左右我国就有种植棉花的记载，引进大体上在唐朝左右，那个时候，棉花是放在院子里面被当做观赏作物的，那个时候，大户人家，种上一院子棉花，那是时尚。想象一下，夏天的时候，棉花花开的五颜六色的，秋天的时候，棉花吐絮时白白一片，很多的文人墨客在亭子下面，观赏着棉花，写写诗歌，喝喝小酒，比如白居易先生在《醉后狂言酬赠萧、殷二协律》中写的"吴绵细软挂布密，柔如狐腋白似云"。

我们家的院子每年都种有棉花，按照唐朝的说法来讲，这个可算是大户人家，不过时代不同，我这个时候，邀请几个好朋友来看棉花，然后以文会友，会被别人看做神经病的。但是，那个时候棉花还不叫棉花，叫做白叠子。

棉花种植和经济化采收是在宋元时期，也就是十四世纪左右，成吉思汗时期左右开始的，在此之前是没有的，宋朝以前只有“绵”字，没有“棉”字的，而且这个棉还大部分指的是木棉。

因此，大家看到很多电视剧中，演的宋朝以前的古老年代的电视剧中人们穿的棉布衣服的时候，懂历史知识的人，应当知道这是不对的，因为那个时候，还没有棉布，富人穿的多是丝绸，穷人穿的多是麻布——大体上跟现在的麻袋差不多，穿到身上比较痒，冬天尽漏风。

棉花在中国的推广，是靠朱元璋的铁腕手段进行推广的，明太祖的法令是：能够种植棉花的地方一定要种植棉花，所以，棉花便被推广开了。

大家要知道，为什么中国古代边患一直都在北方，其实很重要的一个原因是北方游牧民族没有东西穿，北方的游牧民族穿的都是羊皮大衣，而南方的人穿的麻袋衣服，就拿冬天来说，南方人冻得都快发紫了，游牧民族穿着羊皮衣服，呼啦啦的打一阵子，战斗力自然有所不同。汉朝和唐朝有所例外，因为汉朝和唐朝有着胡服骑射的传统，并且唐朝首先就是一个游牧政权。

而棉花对于北方民众的优势不言而喻，大家想一想，冬天时候，是穿着麻袋保暖，还是穿着棉衣保暖就知道了，所以，朱元璋在这个方面还是有杰出贡献的，大体就是根据这一点，明朝的后来皇帝就实行了大规模的人口迁移，很多以前不怎么流动的地方都流动起来了，很多的情况下，在以前是不可能想象的，明朝时期人口突破了一亿，一个亿，在古代是非常难完成的任务，不管朱元璋在后世的眼中有多么的坏，但是对于农业上来说，是有杰出贡献的。

清朝诗人马苏臣写到:“五月棉花秀,八月棉花干;花开天下暖,花落天下寒。”一句话将棉花对我们作用一下子夸张地写出来了,让所有棉农有一种成就感。

自古农业都是很重要的,衣食住行,前两个都是关系到了农业,我们国家从古代开始都是人口到达一定的程度的时候,便爆发农民起义,比如汉朝末年的三国时期,隋朝末年的农民战争,明朝末年的农民起义,都和人口太多、耕地太少有很大的关系。那时,普通年份粮食勉强够吃,一旦碰到了有天灾人祸的时候,就会出现粮食不够吃的现象,不够吃怎么办,有些人就开始抢着吃,结果抢着吃的人活下来了,没有抢到的人没有活下来,于是就有更多的人参加,便控制不住了,归根结底都是粮食不够。唐朝和清朝的几个皇帝被后世说或是千古明君,其实从另外一个角度来看,这些千古明君时期人口都很少,土地很多,如果不是这些皇帝特别有问题,比如像秦二世胡亥的那种,非要和自己的江山过不去,其他的所有人都是明君的。你想呀,当时没有什么企业,只是土地,本来,一个人也就那么点,然后突然人少了,土地多了,每个人都是富翁,谁还闹事呀,所谓穷凶极恶,没有人吃饱撑着闹革命的,所以,许多的开明盛世就这样诞生了。

中国棉花产量,无论从单产还是群体产量来说,都是全世界最高的,世界棉花看中国,中国棉花看新疆。新疆在全世界棉花产业中都是最为出名的。不过还是乌兹别克斯坦有远见,直接将自己国家叫做“白金之国”,这个白金，指的就是棉花，我们国家大都是等别人注册了后，才发现，哦，我才符合这个，比如说端午——被韩国人申请成为了世界遗产。其实从产量和棉花品质来说，我们才应当说是白金之国，或者棉花之乡的。最起码全世界最高产量和最优质的品质都是在中国的。

棉花的功能就不用太多介绍，主要是以穿为主，在没有化工产品的腈纶等东西出来之前，棉花可以说是非常非常重要的战略物资，当然，现在也没有变。棉籽可以用来榨油，在美国这种油是非常出名的，但是我不太喜欢吃棉籽油，可能是我们这里的加工技术有问题。有机棉不打农药是不存在的，最起码大面积不存在，不过商业操作是很关键的，学了农业后，对于很多的有机都不是特别感兴趣，因为如果我们国家的所有产品都有机化了，中国的农业连一半人口都养不活，我们现在是处于一个用工业让农业高产的时代。

二、棉花的生物学特征

棉花我们介绍过了，属于锦葵科，棉属（当然，这个仅仅是知道就行了，我们也可以通过这问问其他的棉农，一般情况下，棉农都不知道，所以可以表现一下自己的学问）。锦葵科的花一般都是雄蕊，花丝成管状，然后与花冠的底部相连，套住花柱的下部。

在这里，主要是告诉大家花是植物的生殖器官，学过我们这一行的，尤其跟农业打交道的人，每次见到送花的人，心中都怪怪的，想一想，一个男的，非常兴奋地将一束花，送到一个女人面前，然后这个女人还要抱着这束花闻——第一，鸡皮疙瘩。第二，男人送花就有暗示，送的是生殖器官而没有送其他的营养器官，比如说叶子、根。

讲解这基本的知识，主要目的是让大家了解棉花的结构。

(一)根

根部，相当于我们的嘴巴，主要的目的是将我们上的肥料吃到肚子里，然后送到叶片处进行光合作用。棉花根系为直根系，呈倒圆锥形，我们如果把棉株倒立过来，会发现，根部有点像树一般。根据一般的情况，根深叶茂，根扎的越深呢，越耐旱。直播棉花的主根上粗下细，主根入土深度因品种、土壤质地、结构、土层厚薄和水分状况等环境条件不同而差异很大。在适宜的条件下，棉花主根入土深可达2米以上(理论上的数据，我拔过不下几千株棉花，暂时还没有见到这样的)。

通常主根在离表土以下几厘米处长出第一次侧根，上边又可发生第二次侧根，这样经过几次分枝，形成密集的根系网，侧根大部分分布在耕作层，耕作层深厚时，侧根数量就多，分布范围也广。各级侧根幼嫩尖端部分着生根毛，形成根毛区。我们将棉株倒立看：其实这个主根就相当于树干，侧根就相当于树杈，须根就相当于树杈上的杈，密密匝匝的。

这里，我们要注意一个问题，就是根部吸收营养的问题，有很多的棉农问我，为什么他用的肥料和邻居家的一模一样，但是产量却相差一百多公斤？除去肥料真假和种植水平外，跟深翻底肥或者耙地的时候使用肥料也有很大的关系。

在翻地时使用肥料，或在植物的主吸收区有肥料，植物在后期表现得非常有优势。而耙进去肥料的，棉花根在一个月后，几乎就超过耙地能够将肥料耙入的地区了。

（二）茎和分枝

我们将棉株放大，就把它当做树来看。

1. 茎

棉株的茎相当于树干，棉株的主茎由顶芽分化生长而成，茎上有节和节间，每节着生一片真叶（根据相关的经验，一个棉桃子是由两个真叶来提供营养，当然，鸡爪棉不算）。

棉株高度由胚轴和主茎各节间伸长的总和来决定，这点非常象竹子，竹子的高度是各节高度的总和。但是棉株的茎是实心的。

棉株小的时候，幼茎呈绿色，随着日光照射和各部位老熟程度的不同，较老部位皮层细胞中花青素增加，就跟人长了老年斑一样，茎秆逐渐变为上绿下红，直至全部呈紫红或棕褐色。但有的品种茎色一直青绿，这些品种，都是极少数的，就像有些明星一样，都六十多岁了皮肤却跟少女一样，这样的人太少了。

棉株的株高、茎的粗细、茎的颜色，易受生态条件和栽培措施的影响。茎上散布着黑色或深棕色的小斑点，称为油腺。无棉毒素品种的茎叶上均无油腺。

陆地棉幼嫩茎枝上大多着生有茸毛，老熟部位茸毛因逐渐脱落而稀疏。不同棉种之间，茸毛的多少有明显差异，对于抗虫来说，茸毛多一点比较好，茸毛多的时候，容易粘住农药，同时对于虫子的生存环境影响也是比较大的，绒毛越多，蚜虫越不容易活动，跟人一样呀，想想看，你开车的时候，总不喜欢在满是灌木丛的地方开车吧，虫子也是一样的。

百科小知识

陆地棉的相关知识：在我国的棉花栽培历史上，先后种植过四个栽培品种，包括海岛棉（长绒棉）、亚洲棉（粗绒棉）、陆地棉（细绒棉）和草棉（粗绒棉）。在不同历史时期，我国的主要栽培品种也不一样，亚洲棉引入历史最久，种植时间最长，同时栽培区域较广；陆地棉被引入我国的历史较短，但发展很快，十九世纪五十年代即取代了亚洲棉。目前广大棉区所种植的棉花多为陆地棉种（细绒棉），新疆还种植有少量海岛棉（长绒棉）。

2. 分枝

棉株的分枝是由主茎的腋芽分化发育而成，有果枝和叶枝之分，这个就好像是树木的树杈。

果枝和叶枝的主要区别如下（说简单一点，就是果枝结棉桃，叶枝一般不结）：

(1)果枝

①果枝上直接着生花蕾,在同一个果节上花蕾与叶片相对着生;

②同一果枝上相邻两果节之间呈左右弯曲形状,称为多轴枝;

③果枝与主茎的夹角较大;

④果枝一般着生于主茎的中上部各节。

(2)叶枝

①叶枝上的每节不直接着生花蕾,一个节上只有一片叶子,叶腋可以长出果枝;

②叶枝条不左右弯转,称单轴枝;

③叶枝与主茎的夹角较小;

④叶枝一般着生于主茎下部的几个节上,田间水肥条件好,棉花长势旺盛时叶枝较多。

3. 果枝类型

棉花的果枝分为无限果枝和有限果枝两大类,无限果枝又称二式果枝(Ⅱ式),这点很重要,因为我们在品种介绍的时候经常会看到这个说法。果枝节数多,在条件适合时,果枝可不断延伸增节,生产上推广的品种基本都属于无限果枝型。有限果枝,包括零式果枝和一式果枝(Ⅰ式),零式果枝无果节,铃柄直接着生在主茎叶腋间;一式果枝只有 1 个果节,节间很短,棉铃常丛生于果节顶端,这种类型的棉铃常大小不匀。

在推广的时候,我们经常会推广无限果枝,也就是二式果枝的产品,因为有限果枝的棉花品种有一定的风险,比如花期出现了恶劣天气,然后,落了,连补充都来不及,就会出现没有补充性的结果。

此外,也有少数棉花品种属于混合型,同一棉株不同部位兼有无限和有限两种类型的果枝。

(三)叶

叶是植物的重要东西,类似于人的胃,把根部吸收的营养,通过光合作用,合成植物需要的各种物质。

棉花的叶片分为子叶、真叶和先出叶。真叶按其着生部位不同可分为主茎叶和果枝叶。

1. 子叶

陆地棉的子叶为肾形,绿色,基点呈红色,宽约 50 毫米。一般 2 片子叶对生,一大一小,小子叶的面积为大子叶面积的 80% 左右。子叶枯落后,留下一对痕迹,亦称子叶节。

2. 先出叶

先出叶为每个枝条和枝轴抽出前先长出的第一片不完全叶,大多无叶柄,没有托叶,以披针形、长椭圆形或不对称卵圆形居多。最大宽约 5 ~ 10 毫米,生长一个月左右及自然脱落,因其着生节间并不伸长,所处部位和形态均与托叶相近,故易与脱叶相混淆。

3. 真叶

通常见到的主茎和果枝节上着生的真叶都是完全叶,具有托叶、叶柄和叶身。叶柄和叶片交接处稍膨大的部分称为叶枕,能调节叶片的旋转。主茎上的叶片,按照

3/8 螺旋式（就是 8 个叶片刚好 3 圈的意思）的叶序绕茎互生。叶片裂缺的多少，随个体发育的进程而发生有规律的变化，一般第一片真叶全缘，叶片也较小，以后裂缺增多至 3 ~ 5 个，最上部裂缺又减少。（这个就是为什么我们常常见到棉花叶子像手掌的原因）

（1）裂片

叶片被缺刻分开的几个部分均称为裂片。叶身的中脉所在的裂片称中裂片或称主裂片，主裂片左右两边的裂片称为侧裂片。

（2）裂口深浅

裂片裂口的深浅，因棉种或品种不同而有差异。裂口深浅程度的简易比较方法是：将中裂片从裂口处反转过来，以裂片尖端与叶基红点的位置进行比较，叶尖超过叶基红点的，就是裂口大于 1/2，叶尖达不到叶基红点的，则裂口小于 1/2，叶尖超过叶基红点以后，尖端又从叶基红点折转，超过两裂口连线的，则裂口深达 2/3 以上。比较各品种叶片裂口深浅时，应取主茎中部的叶片。

棉株的真叶上，大多着生有茸毛，背面叶脉上茸毛更多。棉叶上有棕褐色的多酚色素腺，又称油点。叶背面中脉上离叶基约 1/3 处有蜜腺一个，这个大家翻开叶片就可以看到，有点油乎乎的感觉。有些品种在侧脉上也有蜜腺。

（四）花

棉花的花为单花，花以其花柄的一端着生在果节上，花柄的另一端略为膨大，称为花托，支持着花器。花由外向内可分为五部分，分别为苞叶、花萼、花冠、雄蕊和雌蕊（图 1）。

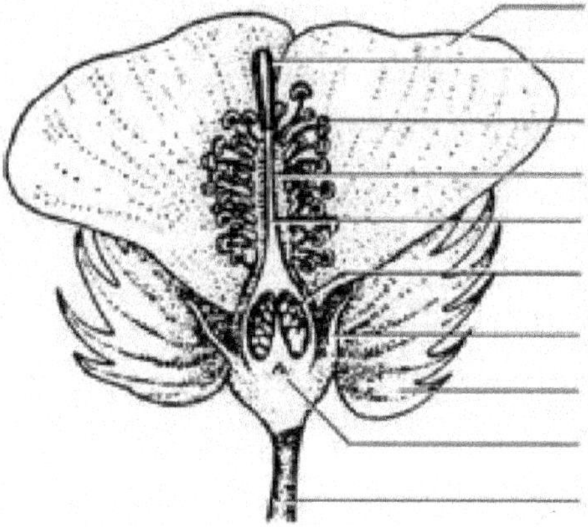

图 1　棉花花器官图解

1. 苞叶

在花的最外层，共 3 片。陆地棉苞叶基部大多分离，上缘呈锯齿状，裂齿较深而尖长，每一苞叶外侧基部各有一个蜜腺，叫苞外蜜腺。

2. 花萼

5 个萼片，联合成杯形，包围在花冠基部。在花萼外侧基部两苞片相交处，各有一浅凹的萼外蜜腺，在花萼内侧有一圈萼内蜜腺。

3. 花冠

由 5 个花瓣组成，陆地棉的花瓣一般为乳白色，花瓣基部无红心。

4. 雄蕊

每朵花通常有 60 ~ 90 枚。雄蕊由花丝和花药组成。

花丝基部联合成雄蕊管，与花冠基部联结。

5. 雌蕊

1 枚，位于花的中央，为雄蕊管所包围，雌蕊分为柱头、花柱和子房三部分。子房为 3 ~ 5 个心皮组成，各心皮以其边缘在中央愈合成中轴，胚株着生其上，称为中轴胎座。

棉花属于常异花授粉作物，意思就是说，既自己可以给自己授粉，肥水不流外人田，另外呢，还能和别的花进行授粉。整个花朵由花柄着生在果枝上，少数品种花柄直接着生在主茎上。

其实，这点真是谢天谢地。我记得小时候，周围没有养蜂人，为了让南瓜多结瓜，每天大清早我就被老太太敲打起来，翻过高高的围墙，找花中的棒棒，然后，插到雌花中，按照这个逻辑，如果棉花也是这样……每天，我们光让其授粉，都是很恐怖的事情呢，棉花一亩有两万株，每株有几百个花，这样的工作很难完成。

这样的作物呢，有个典型特色，就是花粉容易吸水膨胀破裂，所以呢，一般情况下，开花的时间遇到下雨时容易造成落花。当然很多棉农特别勤快，在没有下雨的时候，开着花，还打农药，唉，只好在这里重复又重复地讲一遍：开花的时候，禁止任何能够让花粉吸水的活动，实在不行也要避开开花的时间的。

6. 花柱

花柱（就是花中间的那个棒棒）的棱数和棉铃室数一致，就是说，花中间棒棒有几个棱，那么棉花就有几个瓣。

（五）果实

棉花的果实为蒴果（shuoguo，就是果实可以开裂的果实），称棉铃或棉桃，3～5室。陆地棉的棉铃多为圆形或卵圆形，表面光滑，油点深藏其内，呈暗点状。棉铃的外形常从以下几部分加以描述，即：铃尖的有无和长短，铃肩的有无，铃面的光滑程度，铃的形状，铃柄的长短及铃柄向上或下垂等。棉铃多数为四瓣，也有五瓣的，每瓣约有7～11粒种子，有很多的农户喜欢数每瓣的棉籽数量来确定产量，其实有点不太科学，因为瓣由胚珠发育而成（图2为理论上果实的形成日期，蒋桂英图）。

（六）种子

从田间采收的子花是纤维和棉子连在一起的，称为子棉，（我们大部分时间都是写成了籽棉）经轧花机轧出纤维后的棉子即为种子。种子上附有短绒的称为毛子，毛子的颜色有白、灰、绿、棕等颜色，种子上无短绒的称为光子，为黑褐色。只在端部有短绒的称端毛子。我们经常将毛子经过泡沫酸烧去短绒，这样棉籽就不容易带菌落。

棉子呈梨形，一头大一头尖。尖端有一子柄，也是珠孔遗迹所在的一端，较宽的钝端为合点端，种脊连贯于子柄及合点之间。

成熟的棉子，其种皮为黑色或棕褐色，壳硬。未成熟的为红棕色或黄色，壳软。现在的色选机一般都把这些东西给去掉了，所以大部分的时候，建议大家购买种子的时候，买没有包衣的种子，最起码可以看到种子的颜色，由此来判断种子怎么样。

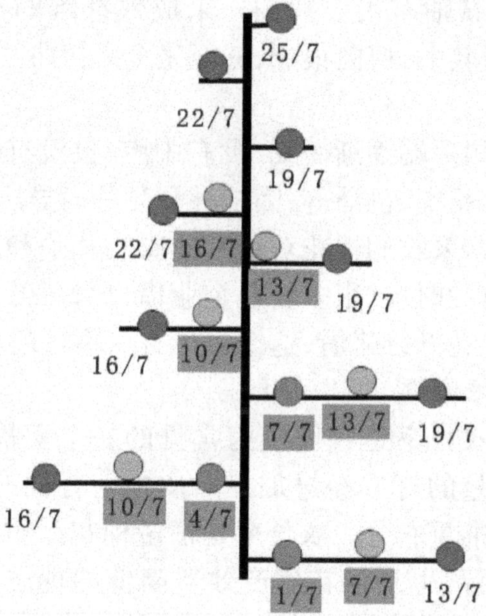

图 2　棉花果实的理论形成日期

（七）纤维

纤维由胚珠表皮的一部分细胞延伸发育而成，是单细胞，外形上可分为三部分，分别为基部、中部、顶端。

1. 基部

靠近种子表皮细胞一端的称基部，棉纤维的基部由于胞壁较薄而稍向中腔内凹，故其直径较小，轧花时，纤维通常在基部的稍上部位被轧断。

2. 中部

中部直径最大,成熟纤维的细胞壁较厚,中腔较小,沿着纤维的纵轴有很多扭曲。未成熟纤维的细胞壁较薄,中腔相对较大,扭曲很少,甚至完全无扭曲。

3. 顶端

棉纤维的顶端逐渐变细,没有中腔,也没有扭曲。棉纤维的长短、粗细、色泽等,因棉种和品种而异。

现在机器采收的棉花对纤维的影响几乎和手工采的区别不大,有的时候,很多轧花企业借口来压低棉农的棉花价格,从棉花纤维来看,这个事情有点不合理。

4. 棉花衣分率

棉花的衣分率是我们最为常见的一个卖棉花指标,指的是一定量的籽棉经过加工后皮棉与籽棉的重量比,分毛衣分和准重衣分。衣分率是衡量棉花品质和加工生产的重要指标,也是棉花生产效益高低的标志。也就是说,最主要的部分占我们收回来部分的百分比。

目前,适应在不同区域种植的棉花品种中,经过不同工艺的加工,衣分率也不尽相同。棉花的品种、籽棉收购时水分和杂质的含量、棉花的成熟度、加工籽棉时烘干的温度,都对棉花的衣分率产生着影响。衣分率的高低与种子表面单位的纤维数、长短、粗细成正比,与种子的重量成反比。正常情况下,棉花的衣分率为33% ~40%,即生产33 ~40 公斤的皮棉需要100 公斤的籽棉,品种遗传特性对衣分率的影响最大,在适宜的种植条件下,衣分率高的品种可达45%左右，但对于纤维较短，成熟度不好或者品种退化的棉花，衣分率只能达到30%左右，甚至更低。所以一般情况下，早熟的棉花衣分率都是很低的。

5. 马克隆值

这个平时没有用，只是有一年，突然间轧花企业开始重视了，一下子让很多的棉农措手不及，不知道是什么，棉纤维的马克隆值是纤维细度和成熟度的综合反映，成熟度不同，不仅会引起纤维性能的变化，而且对成纱工艺、质量及织物质量也会产生很大的影响，棉纤维的马克隆值可作为评价棉纤维内在品质的一个综合指标，直接影响纤维的色泽、强力、细度、天然性、弹性、吸湿、染色等。生长期过长、过成熟的皮棉纤维较粗，不适合于纺制中高档棉纱；马克隆值在4.1~4.3范围的皮棉，生长期较短、欠成熟、相对衣分率较低，但纤维细度细、纤维单较高、成纱截面纤维根数多、强力高的，可以纺制中高档棉纱。

三、棉花的主要生育特性

（一）喜温好光——这点像人一样，最起码，跟我一样

棉花属喜温作物，不耐寒冷。生长起点温度在10℃以上，所以，用塑料薄膜在开春的时候，可以提供足够的热源，以提高温度。棉花生长的最适温度25~30℃，最主要的阶段都是在这个温度范围内进行的。高于40℃组织受损伤，尤其是在6—7月份，如果出现在连续高温天气

的时候（这个一定要看天气预报），棉花大都会出现大面积的落花落果现象，在这个阶段，一般情况下，根据我们现有的技术条件，建议使用高频浇水的模式（就是说，浇水次数多一点，每次少一点，就像夏天的时候，我们给自己往身上泼点水，降降温）。

棉花从播种到吐絮需≥10℃的活动积温（计算方式是将大于10℃的天气，每天都加起来。一般来说，这是基于一个地区的选种比较需要，平时也没有什么用，不用去天天记了，一般情况下，当地的气象部门有这个方面的资料），早熟陆地棉为2900～3100℃，中早熟陆地棉3200～3400℃。

棉花还属喜光作物，而且非常喜欢（我也挺喜欢的，阴雨天气，我不喜欢，棉花也是不喜欢的，棉花像人一样，喜欢望望天空，万里无云，心情豁然开朗，然后努力，结婚生子）。棉花单叶光饱和点为7万～8万 lx，光补偿点为1000～1200 lx。棉花的产量和纤维品质与当地当年的温度和光照条件密切相关。

百科小知识

lx就是勒克斯，是光的照度的国际单位，照度是反映光照强度的一种单位，其物理意义是照射到单位面积上的光通量，照度的单位是每平方米的流明（Lm）数。

流明简单来说，就是指蜡烛一烛光在1米以外的所显现出的亮度。

上面说的棉花光饱和点7万 lx，意思大体上可以理解为7万个蜡烛在一米以外的地方照到一平方米地方的那种亮度。7万个，肯定会闪眼睛。棉花的光饱和地最低也要1000个蜡烛的亮度，虽然，我也很是喜温好光，但是没有像棉花这样喜欢的。

（二）无限生长，株型具有可塑性

无限生长就是说指发育过程中，只要环境条件适宜，棉花可以像多年生植物一样，不断进行纵向和横向生长，生长期不断延长（只要你愿意，只要你愿意，可以让棉花树……好像周华健唱的这首歌）。

株型可塑是指棉株大小、群体长相长势受环境和栽培措施的影响变化较大。因此，棉花可通过密植或稀植等多种途径来实现高产。（想想看，多美，它想怎样就怎样，所以，心情不好的时候，可以在花盆里面种种棉花，可以看看棉花，一定要学习棉花，可大可小，可长可短，可多可少，可硬可软，生活还有什么过不去的坎儿呢？）

（三）营养生长与生殖生长并进时间长

这个意思就是说长个子和发育是一起的，其实所有生物几乎都是这种特性的，包括人。

棉花从2~3真叶期始花芽分化到停止生长都是营养生长与生殖生长并进阶段，约占全生育期的4/5。

棉株在长根、茎、叶的同时，不断分化花原基、现蕾、开花、结铃。因此，营养生长与生殖生长矛盾不易协调，生产上旺长和早衰现象较为普遍。

所以呢，种植棉花最主要的管理，就是如何协调。现在新疆的条件，比较适合于控制株高，用寻求群体产量的办法来进行增产作业。不过，确保高产的方式很多，要因地制宜。温度热的地方株高放高一点，温度凉的地方放矮一点，植密一点。

（四）根系强大，适应性广

棉花属直根系，吸收水肥能力强，耐旱、抗倒、耐盐碱（当然，这个只是相对而言，比如我喜欢吃辣椒，但是饭里面没有其他东西，全是辣椒，我也吃不了）。棉花对气候、土壤具有广泛的适应性，但不耐水渍（这点很重要，一般情况下，在 8 月份，新疆容易出现暴雨天气，这个时候一定要注意观察）。

研究表明，在耕作层含水量下降到 8% ~12% 时，棉花仍能存活（就是说，哪怕是戈壁滩，只要有一定的水存在，那么棉花就可以活下去，但是水多了不行）；土壤含盐量在 0. 3%（一亩地的实际耕作土壤为 450 000 公斤左右，这么多的土壤，一个塑料袋的盐就让其含盐量达到指标）以下，棉花能正常出苗和生长发育。

（五）再生能力强，结铃具有自动调节能力

棉花地下和地上部均有较强的再生能力。地下根系再生能力较强，可以通过中耕断根来促根或控制旺长。但是要注意一点，枯黄萎病多的地区，中耕一定不要太多，否则，棉花容易得病的。有很多棉农担心伤了根系，其实没有关系，因为根有再生能力。怎么解释呢？如果一直是顺风顺水，那么人是不容易成材的，要经常打击，天将降大任于斯人也，必先苦其心志……棉花管理也是一样的，就是要不断地缺一口，想喝水吧，就是不让你喝足够，想吃饭吧，反正就是让你刚刚觉得够，但是就是没有吃饱，想安稳的睡觉吧，中耕一下，断断根，再长，总之一句话，就是折磨你，打击你，你刚好，我再折磨你一下，打击你一下，目的就是为了让你成材。每次我们的实验地点棉花高产了之后，我觉得我都有点像周扒皮一样……

棉花的上部营养器官和生殖器官再生能力也较强，在遭遇各种灾害后，只要加强管理，一般仍可获得一定产量。所以，当一个人悲伤的时候，可以看看棉花，受到多大的打击都是一如既往的不断生长，我们还有什么办不到的事情呢。

棉花结铃具有自动调节能力，一般前中期结铃少时，后期结铃就会增多；内围结铃少时，外围结铃就会增多。吸收了那么多东西，反正就是要结果的。

但是有一点是肯定的，就是不吃东西，绝对不会高产的，但是吃得太多也不行，想想看，如果小孩吃得太多，变成胖子之后就不好了。

（六）常异交雌雄同花植物

棉花花冠开张大，属风媒和虫媒花，天然异交率达5%～15%。棉花属常异交作物，品种保纯难度大，易发生自然退化。所以，我们要求要经常地去购买种子公司的种子，当然，重点来说是大公司的品种。小公司的大部分种子是通过购买毛籽加工，他们自己连具体的东西纯度都还不知道。大公司的产品来说就比较好一点，最起码有自己的试验田，有隔离带(防止异交)。

四、棉花高产的要素

首先，要告诉大家的是让棉花高产就像打扑克：

棉花高产靠天气——打扑克好靠运气；

棉花高产靠水肥土壤——打扑克好要看摸上什么牌

棉花高产靠管理——打扑克好要看牌技，如果牌技太差，再好的牌在手上，都是浪费。

(一)棉花高产很大程度靠天气

天气不好，再高的高手也没有办法。天气是最关键的因素，无论什么时候，这个都是高产的第一要素，棉花喜温，天气决定了棉花高度的控制，说白了，天气好的时候，可以让棉株适当高一点，天气不好的时候，可以适当矮一点。气象资料可以找当地的气象部门了解。

百科小知识

棉籽萌发的最低温度为10～12℃，胚根维管束分化要12～14℃，下胚轴生长要16℃以上的温度，出苗适宜温度为17℃，温度达到19～20℃时，才现蕾，温度过低，光长叶子了，花铃期适宜温度为25～30℃，棉纤维发育成熟需要21℃以上。棉花苗期遇冷不发苗，中期遇冷不结桃,后期遇冷水果桃。温度如果到32~35℃以上,就会造成现蕾减慢,花粉败育。所以在温度高于32℃时候,适当的增加田间的水量很关键。

(二)棉花高产要靠水

有很多的棉农选择承包土地来进行投资,那么,水源的好坏就尤其关键了,如果对水源不了解,那么就不要盲目的投资。尤其在棉花花铃期,更不能缺水。

百科小知识

花铃期需要水量最多,占40%以上,其次是吐絮期,占31%,再次是苗期16%。花铃期需水量最大,所以在摘棉花的时候,根据适当的情况下,滴入一些水,也是好的。

(三)棉花高产要靠肥料

肥料对于棉花,就如同饭对于人一样,产量的好坏,决定于肥料的搭配。

很多棉农问我,什么是好肥料?其实如果肥料在保证质量的前提下,没有什么好与坏的区别,关键在于搭配。这个就像问一个大师傅:什么原料做出来的饭好一样?只要厨师好,什么都是好材料,最主要是怎么去搭配。

肥料是个重点,所以现在不详细说,放到后面再重点说。

（四）棉花生长的土壤也是重点考虑因素

相对来说，棉花耐碱程度还是比较理想的。但是也要有一定的程度，就好比我是四川人，特别能吃辣子，但是如果太辣了，我也吃不下去，同样的道理，棉花生长有个最佳酸碱范围，这个范围就是 pH 为 7～8。这个东西很简单，如果你想开发一块地，那就花 2～3 元买一张 pH 试纸一测算就出来了，一般化工商品店面都有这个东西。

还有就是含盐量，土壤含盐量不能超过 0.3%，超过 0.3% 棉花就不容易长了。

百科小知识

在施肥的时候，也要注意肥料的影响，比如，本来就是盐碱地，结果施了氯化钾，那肯定不行（按照新疆的地域条件，一般情况下，硫酸钾比氯化钾要好得多，毕竟新疆大部分的地都是从盐碱滩上改良过来的，辛辛苦苦几十年，一朝回到解放前，多不好），不过很多农民不会看钾肥，什么是氯化钾，在这里做个补充，氯化钾在包装袋上会注明：KCL，当然，在新疆，因为种种原因，还没有厂家这样写，一般都是写的 $K_2O>33\%$，然后在一个角落写上（含 CL），一般情况这个就是氯化钾，所以棉农在买肥料的时候，一个是价格因素，另一个，含量也是要看清楚的。硫酸钾比较好，适宜范围比较广，但是长期使用容易造成土壤板结，所以根据情况，可以转换使用。

（五）管理水平

上面因素都不是人能够控制的，但是，管理水平是人完全能够控制的，这个就像一个厨师一样，同样的材料和条件，有些人做的饭菜香辣可口，然而有些人做出来的几乎吃不下去。同样的条件，同样的种子，同样的肥料使用量，但是产量完全不同，有的每亩出 250 公斤的籽棉，有的却能出 450 公斤籽棉。

但现在咱们不管，咱们现在按照做西式快餐的方法，几分钟下锅，几分钟出锅，多一分钟不行，少一分钟也不行，这样管理比较容易一点。所以管理问题放到以后来详细说明。

五、棉花生育期的划分

棉花的生育期，也就是棉花的一辈子，从播种开始，经过出苗、现蕾、开花、结铃、直至吐絮和种子成熟，这个过程也称生育周期。一般从播种期到收获期所经历的天数称为全生育期，从出苗期到吐絮期经历的天数称为生育期。

棉花我们通常分为 5 个生育阶段：出苗期、苗期、现蕾期、开花期、吐絮期。

对应的人生的阶段为婴儿、童年、少年、青年、中老年，所以从这点理解上，我们就知道了怎么去上肥料了，我们翻地翻入肥料，主要是让幼苗有一个结结实实的身体，苗期少量多餐，现蕾期和开花期注意营养的搭配。

（一）出苗期

从棉花种下去，到棉花田间棉苗一半数目的子叶展开，这个时期为出苗期。这个时期，要注意天气，注意大风、霜冻等气象灾害。

（二）苗期

苗期是从棉株出土到50%现蕾，就是说，到地里面一看，一般的棉花都挂蕾了。这个时间长短一般是30～50天，根据品种和管理水平的不同有所区别，大体上在棉苗第六片真叶后就出现蕾了，一般来说在5月中下旬就开始了。

（三）蕾期

蕾期是从50%棉株现蕾到50%开第一朵花的时间，一般来说，这个时间为25～30天。大部分是在6月中旬到7月上旬，也就是打顶前后的时期。

（四）花铃期

花铃期是从50%棉株开第一朵花到第一个棉桃吐絮的时期，大体上为50～60天。这个时间很关键，就像怀孕，什么东西都是在这个时候形成的，一般来说，70%左右的肥料，都是这个时间注入的。棉农常说"花见花，四十八"就说的是这个时期的长度。

（五）吐絮期

吐絮期就是可以进入棉田拾棉花的时间。

百科小知识

根据花铃期的时间，所以一般来说打顶必须结束于花铃期前，打顶的规则是“时到不等枝，枝到不等时”，后面要详细讲解。

六、影响棉花产量的几个主要因素

（一）土壤条件

棉花是深根作物，需要深厚的活土层，耐旱而忌渍涝，轻度耐碱。为了更好地满足棉花生长对土壤条件的要求，一方面要加深耕层、改良土壤、搞好高产稳产农田基本建设；另一方面还要采取松土、施肥、排渍、注水等耕作措施，随时调节土壤的水、肥、气、热等状况，以改善棉花根系活动的环境。

在这里要告诉大家的是，沙土地和黏土地的管理方式有所不同，所以一定要注意。

（二）需肥规律

棉花在不同生长时期对氮、磷、钾的需要量也不同。所以，我们应严格按照棉花在不同的生长时期对肥料的需求，科学施肥，尤其是氮肥的使用，一定要注意。

（三）需水规律

棉花的生命活动是和水紧密联系在一起的，缺水干旱固然不行，但水涝的害处更大。棉花在各生养阶段对土壤水分条件的要求不同，所以必须把握棉花各生养阶段的田间耗水量以及适宜的田间持水量，以便适时采取注水、排水、松土保墒、晒土放墒等措施，使棉田保持最佳供水状态，免除旱、涝灾害。

（四）空气条件

棉花的生长需要大量的氧气和二氧化碳，必须为棉田创造良好的透风条件，以促进棉花根部及上部的生长，防止落铃、烂根。从这点来说，将棉株控制在一定的高度是十分重要的。

（五）温度条件

棉花在生长、发育的各阶段都有其需要的适宜温度条件，过高或过低都会对棉花产量带来很大影响。

（六）日照条件

阳光既是光合作用的动力，又是地面上的热量来源。合理密植，改善棉田的光照条件，对棉花的生长发育极为重要。

（七）病虫害

1. 棉花的病害

在棉花生长的各个阶段，有多种病害发生。我国已发现的棉花病害有 40 多种，危害最严重的是棉花枯萎病和黄萎病，其次是棉花的苗期病害。

2. 虫害

我国棉区分布辽阔，自然条件差异大，棉花害虫种类繁多。据记载我国棉花害虫已知的有 300 多种，其中主要的有 20～30 种，最重要的有 15 种之多。所以，加强棉花田间治理，防止或减少棉花病虫害的发生，对棉花的优质、高产有着重要的作用。

（八）气象灾难

在棉花的整个生长及收获期，如遇冰雹、台风等灾害，将严重影响棉花的产量甚至可造成绝收。

另外，棉种的选择及植棉者的管理经验也将影响棉花的产量。

介绍了这么多，我们现在就拿一份种子的介绍单据来巩固我们上面介绍的知识，加深我们的印象（图 3）。

在图 3 中的宣传单中，新路中 49 号指的是这个品种的名称；K18 是这个品种在审定之前所叫的名字，根据各个地区的相关规定，审定后这个棉种就不能够再叫原先的品系名称了，如果市面上再出现单独标明“K18”的棉种，那么，有可能你购买到了假种子。

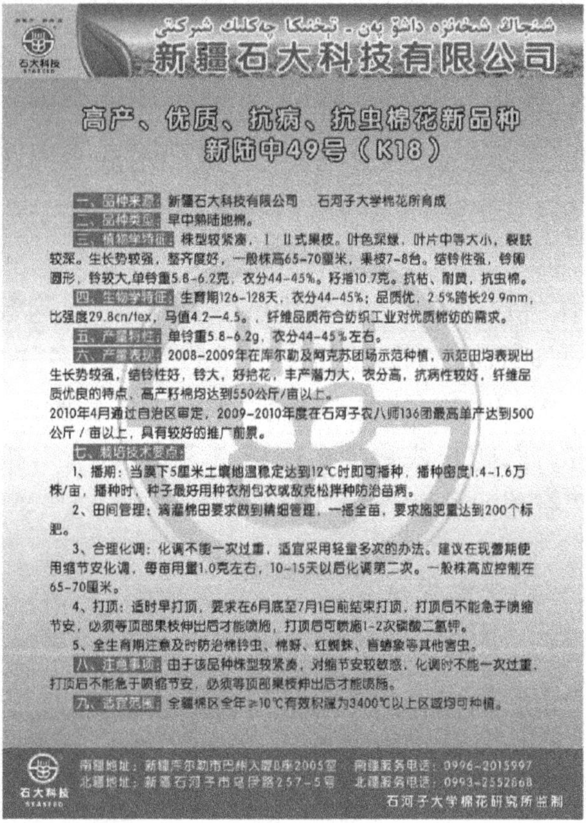

新疆石大科技有限公司

高产、优质、抗病、抗虫棉花新品种
新陆中49号（K18）

一、品种来源 新疆石大科技有限公司　石河子大学棉花所育成

二、品种类型 早中熟陆地棉。

三、植物学特征 株型较紧凑，Ⅰ Ⅱ式果枝。叶色深绿，叶片中等大小，裂缺较深。生长势较强，整齐度好，一般株高65-70厘米，果枝7-8台。结铃性强，铃卵圆形，铃较大，单铃重5.8-6.2克，衣分44-45%。籽指10.7克。抗枯、耐黄，抗虫棉。

四、生物学特征 生育期126-128天，衣分44-45%；品质优，2.5%跨长29.9mm，比强度29.8cn/tex，马值4.2—4.5。，纤维品质符合纺织工业对优质棉纺的需求。

五、产量特性 单铃重5.8-6.2g，衣分44-45%左右。

六、产量表现 2008-2009年在库尔勒及阿克苏团场示范种植，示范田均表现出生长势较强，结铃性好，铃大，好拾花，丰产潜力大，衣分高，抗病性较好，纤维品质优良的特点、高产籽棉均达到550公斤/亩以上。

2010年4月通过自治区审定，2009-2010年度在石河子农八师136团最高单产达到500公斤/亩以上，具有较好的推广前景。

七、栽培技术要点

1、播期：当膜下5厘米土壤地温稳定达到12℃时即可播种，播种密度1.4-1.6万株/亩，播种时、种子最好用种衣剂包衣或敌克松拌种防治苗病。

2、田间管理：滴灌棉田要求做到精细管理，一播全苗，要求施肥量达到200个标肥。

3、合理化调：化调不能一次过重，适宜采用轻量多次的办法。建议在现蕾期使用缩节安化调，每亩用量1.0克左右，10-15天以后化调第二次。一般株高应控制在65-70厘米。

4、打顶：适时早打顶，要求在6月底至7月1日前结束打顶，打顶后不能急于喷缩节安，必须等顶部果枝伸出后才能喷施，打顶后可喷施1-2次磷酸二氢钾。

5、全生育期注意及时防治棉铃虫、棉蚜、红蜘蛛、盲蝽象等其他害虫。

八、注意事项 由于该品种株型较紧凑，对缩节安较敏感，化调时不能一次过重，打顶后不能急于喷缩节安，必须等顶部果枝伸出后才能喷施。

九、适宜范围 全疆棉区全年≥10℃有效积温为3400℃以上区域均可种植。

石大科技

南疆地址：新疆库尔勒市巴州大厦B座2005室　南疆服务电话：0996-2015997
北疆地址：新疆石河子市乌伊路257-5号　北疆服务电话：0993-2552868
石河子大学棉花研究所监制

图3　市场上常见的品种说明单据

通过第一段话，我们知道这个品种来自于哪里，也就是说，我们要购买比较原始的种子，跟这个来源公司打交道比较保险。

通过第二段话，我们可以知道，这个是一种细绒棉。

第三、四段话告诉我们这种棉花的生育期为 126～128 天左右（生育期，我们介绍了是从出苗期到吐絮经历的天数，但是现在很多的时候，我们对这种说法一定要根据当地来观察，因为很多的时候，当地表现有所不同，所以，在选择品种的时候，我们还要参考一下当地的该品种种植的效果）。

Ⅰ－Ⅱ式果枝，这点很重要，根据这个情况，我们立刻要判定后期缩节胺的使用频率，一般来说，0～1 式果枝，我们使用缩节胺的频率低，Ⅱ式，我们使用的频率高一点，抗枯耐黄（新疆的棉花一般都是抗枯耐黄，如果你的土地病害比较重，要向生产厂家要病指，然后看自己的地适合种什么品种），抗棉铃虫（要看清楚一点，这个主要是决定以后打多少农药的问题，所以一定要重视）。

第三、第四段话很关键，是这个产品我们要重点观察的地方，是介绍棉花的主要农艺性状的，这个就好比我们去相亲，第一、二段是媒婆给你说，这个女叫什么名字，哪里人，第七段话是介绍你要如何如何对你媳妇好的，这些几乎都是废话，但是长期以来，媒婆都是这样当的，所以，我们就暂时忍忍，第三、四段话，就是表示对象具体的问题了，比如多大了，有没有病呀，有没有精神病史呀。对于我们来说，一定要像挑选媳妇一样挑选品种，因为这个要影响一年的收益的，同时要将宣传单保存好。

第五段，植株呈塔形，单株成铃率高，结铃性强，铃重 5.8～6.2 克（这个很重要，因为根据铃重，我们要确定精确的理论保桃数目，当然在测产的时候用处要重要），衣分44%～45%（这个点要看清楚，到时候，一般来说衣分越高棉花越容易卖，但是要对衣分有所保留，因为现在来看，衣分在很多的时候，要比宣传的少一点，这是因为喷施乙烯利等原因或者说轧花厂的原因）；品质优，2.5%跨长29.9mm，比强度29.8cn/tex（棉花拉力的一种数据），马值4.2～4.5（这个要根据当地轧花厂的要求来决定）。

第六段，我们大体不用看，因为所有的品种都是往好的写（宣传单嘛，只要不出格，仅仅受广告法的约束，当然，也不能乱写，比如，只能够产500公斤，你发现有写两吨的，那么就要怀疑了。）。

第七段话，我们也不用看，因为总体上新疆北疆地区的棉花种植方式根据当地的气候等因素有很多的不同点，要根据相关技术员的指导。

了解这些之后，这个品种的大体性状，我们立马就有所了解：种植的时间要早一点，种植的密度可以小一点，10 000株都可以有很好的产量；比较抗虫，所以在后期要重点防治的是红蜘蛛和蚜虫；黄萎病有点重，所以在6月份要滴入生物菌进行控制。

重点回顾

1. 棉花属于锦葵科，棉属，花粉容易爆裂，所以在花期严禁任何能够使花粉吸水的工作，比如喷施农药、打叶面肥等。

2. 肥料的基本知识：肥料就相当于饭，如果想高产，那么就要有高产的肥料。

3. 棉花生育期的讲解,5个时期:出苗期、苗期、现蕾期、花铃期、吐絮期,对应的人生的阶段为婴儿、童年、少年、青年、中老年,所以,为了后代,在棉花青年阶段,也就是花铃期,一定要好好地给营养。

4. 棉花高产其实很简单,只要做好种植要素的五个方面就基本可以了。

那好,我们继续练习一下,观察下面的介绍,看看。具体的观察方法就如同看上面新路中49号,大家可以练习一下。

早中熟陆地棉新品种新陆中36号

新陆中36号(K7、)早熟、高产、高衣分,铃大,适应范围广,适合机采。石河子大学棉花所选育。

一、产量表现

2003—2006年的品比试验中,籽棉亩产460~500公斤,皮棉亩产179~206公斤,分别比对照中棉所35增产18.6%、21.8%。2008年在南疆大面积示范种植,平均产籽棉500公斤/亩,2006年在农二师32团创造单产籽棉660公斤的纪录,2008年在阿拉尔农场创造产籽棉709公斤/亩的高产典型。2007—2008年在区试中综合评比第一,2008年3月通过自治区审定。适宜南疆大部分区域,北疆翼师958、新陆中26种植区域种植。

二、主要的农艺性状

新陆中30号属中早熟陆地棉，生育期135天左右；出苗快且整齐，从苗期到蕾期至花铃期生长势强，叶片较小上举，叶量较少；Ⅱ式果枝，植株呈塔形，单株成铃率高，结铃性强，铃重5.8～6克，衣分42%～43%；品质优，2.5%跨长29.9毫米，比强度29.8 cn/tex，马值4.2～4.5；吐絮集中好拾花；适应性广，适合机采；抗病性强，高抗枯萎病耐黄萎病，抗棉铃虫。

第二章 肥　料

之所以把肥料当做重点来说，因为天气、水、土壤是属于我们不能够去改变的自然因素，而肥料和管理水平完全是人为的。老话说“三分天注定，七分靠打拼”就是这个理。七分靠打拼，用什么打拼，赤手空拳肯定是不行，要靠武器，肥料就是我们的武器。

肥料对于棉花来说，就如同饭对于我们。当然，有些农户一年就仅仅上了 15 公斤尿素，也达到了单产 350 公斤籽棉，这个仅仅是个例，原因很多，但是几率很低。简单来说，一般胖子都出现在条件好的家庭，能够吃好喝好的地方，而不给吃的胖子也有，但是很少。所以，肥料一定要充足，才能够有高产的底子。

有些棉农什么都不上，然后要我看有没有办法将产量提高，我只能告诉他们，不太可能，就好像一个人不吃饭，你叫他干很多的体力活一个道理。人是铁饭是钢，一顿不吃饿得慌。对于植物也是一样，“植物是铁肥料是钢，一次不施饿得慌”。

我们不能够去按个别的例子来说，比如某某某就 15 公斤尿素，一亩连 30 块钱的肥料都没有上到，单产就达到了350公斤。因为这种概率太低了，就像彩票，绝大多数都是不挣钱的，嚷嚷的都是那些挣钱的，但是没有几个，所以，通常，我们按照一般情况来进行施肥。

肥料，就如同棉花的饭一样，在影响棉花产量方面，仅次于天气、水、管理水平，所以要重视肥料。

下面我们把肥料做一个简单的举例说明。

氮肥：相当于植物的饭。

磷肥：相当于植物的菜。

钾肥：相当于植物的盐，不可或缺。

有机肥：相当于植物的汤，促进消化。

微量元素：相当于植物的调料，微微一点，效果立变。

在棉花生长发育过程中，氮肥、磷肥、钾肥为植物必需的三大营养元素。但我们有一个最主要的说法，叫做木桶原理：桶的容量是由最短的那个木板来决定的(图4)。

好了，简单介绍了肥料的效果之后，我们开始介绍其具体的作用机理。

一、氮(N)

在新疆，最主要的氮肥品种就是尿素，其他的如硫酸铵等，在这里几乎见不到。具体来说，尿素的含氮量是46%左右。尿素在土壤中溶解为碳酸氢铵后，被植物吸收。碳酸氢铵比尿素速效性要好，尿素要提前一个星期左右使用才能达到最佳的效果。氮元素在包装袋上是用N表示的，如果在一个包装袋上，如下标示：N－P－K 5－15－15，后面的数字叫做配合式，表示氮元素占15%，磷元素占15%，钾元素占15%。

图4 肥料搭配的木桶原理

百科小知识

氮肥和磷肥同时缺少的时候，光补充一种物质作用不大，同时补充两种物质，能够达到非常好的肥效。这个现象的专业术语叫做氮和磷之间的连应，也叫做正交互作用。

氮肥最主要的几个功能：

①氮是叶绿素的组成元素，所以，氮肥缺少的时候，作物大部分时间的表现是叶片失绿，不正常。

②氮是蛋白质和核酸的组成元素，核酸是携带遗传特性的物质，就是表现后代特点的东西。原生质是细胞内的生命物质总称，蛋白质也是原生质的基础物质。总

之一句话,氮素很重要,有了它才有植物的生命。但是,也不是越多越好,氮素多了,蛋白质就多了,蛋白质多了,就会使细胞壁变薄,叶片就会柔软多汁,肥大。

③氮素是很多酶的组成元素。酶的作用就有点类似于那个蒸馒头时留在后面的酵头一样,有了它,馒头发起来特别的快。

棉花缺氮的表现从外观上就能够看得出来,最明显的症状就是叶片淡绿甚至发黄,出现早衰;还有就是叶片薄小,植株矮小,分枝少,分叉少。氮肥在作物体内能够被再次利用,即植物在缺氮的时候能够将老叶的蛋白质分解,然后供嫩叶使用,是一个典型的啃老族。所以,植物缺氮的时候,叶片是从下部开始黄化,逐步向上扩展,这点可以作为植物缺氮肥的显著特征(但是一定要注意黄叶并不是一定由缺氮造成的,也有可能是缺铁)。

但是,氮肥也不能够过量使用,过量了也不行,氮素过量会形成较多的碳水化合物进而形成蛋白质,蛋白质多了也不好,容易让棉株叶片柔软多汁,茎秆细弱,植株高大,叶片大,蕾铃少易脱落,烂铃多。

二、磷(P,但农业上绝大多数为P_2O_5)

磷肥是仅次于氮肥的肥料,对于棉花来说,氮肥是主要针对叶片,磷肥主要是针对果实的,下面是磷肥的几个主要作用。

①磷肥是核酸、核蛋白、磷脂、植素、磷酸腺苷和酶的组分。核酸的作用在氮肥中已经说明了。核蛋白主要是

核酸和蛋白质的合称，主要分布在小叶子、新芽、根尖等植株生长旺盛的位置(所以有些棉农不上底肥，想通过滴灌直接滴入肥料，在田间多数会造成苗情不壮)，它担负着细胞增殖和遗传变异的功能。

②磷肥的磷脂的作用是和蛋白质结合形成细胞膜质结构。膜相当于细胞的一个房门，这个作用很明显，磷肥比较充足的情况下，病害一般就会比较少。磷脂是既有酸性基，又有碱性基的两性化合物，可以提高作物的抗盐碱能力。

③植素是种子中磷的贮存形式，植素含量高的时候，种子质量就比较好，而且有利于生育后期的淀粉积累。有很多的农户在磷肥不足的情况下，棉桃多，但是产量不高多数是属于这种情况。所以，磷肥的必要性在于棉株重要的产量集中在了棉籽产量上面。

④磷酸腺苷是植物的能量贮存和供应的中转站。是植物发动机的关键组成部分。

酶的作用就不解释了，之前有说过。

作物缺少磷肥的时候，从外观上很难判断，只有严重缺少磷肥的时候，会造成开花和成熟推迟。磷肥过多，虽然没有氮肥那么敏感，但是特别容易造成缺锌，造成植物的早衰。

⑤磷肥对豆类作物使用，可以起到增加其根瘤菌的作用，可以促进以磷增氮。

按道理来说，磷酸一铵、磷酸二铵我们都当做复合肥处理，但是，传统上，我们是将他们归为磷肥处理的。

三、钾(K,农业上绝大多数为 K_2O)

所有的有机组成,都不含钾肥,钾肥最主要的功能是传递,就如同运输车辆的作用,这点很多的农户不太明白,说一个简单的道理,我们所有的养分都是由植物从土壤中吸收上来的,如果没有钾肥的存在,那么吸收速度就像走路,有了钾的作用,就如同坐车。

想象一下,我们去上海,走路过去还扛着一些包包,不是说不行,而是有点困难,但是如果坐着车,那就不一样了,不仅快,而且可以能够扛很多东西。钾肥起到的大体作用类似于此。

有时候,我们给棉农们解释,使用钾肥能够增产,并不是说在元素上提高了什么,而是它的作用上提高了不少。钾肥的具体作用如下:

①钾肥能促进淀粉和糖分的合成。钾肥充足,有利于作物的光合作用,有了光合作用,氮肥的吸收率就增加了,促进了植物的营养向蔗糖和淀粉方向转移,可以促进红薯、洋芋等瓜果类作物果实淀粉和糖的含量增加。上钾肥多的瓜果都是非常甜的。

在这里要注意,氯化钾容易造成瓜果畸形。所以,在上钾肥的时候,一定要注意。

②钾肥能增加油脂和蛋白质的含量。这点对于棉花籽饱满程度来说,是十分重要的,大家想一下,如果棉花籽粒不饱满,那么产量会低很多的。

③钾肥能增强作物的抗逆性。钾肥能够使作物体内

的单糖减少，纤维素增多，细胞壁变厚。使枯黄萎病的菌丝感染增加难度，虽然不能够完全杜绝，但是要好的多，就像房子的墙比较厚，能够抵抗一些飞沙走石一样。同时，钾在作物体内产生的作用能够增强作物对水分和营养的吸收，在供水不足的时候，能够使叶片气孔关闭（这个就好比一个人健康一点，或者生病后能够正常吃喝，就容易恢复）。

棉花缺钾的时候，应该注意，在8月份容易发生红叶茎枯病。这个是非常重要的，一般情况下，在暴雨的季节，天又突然晴容易出现这种病，在苗期和营养期时表现为叶黄、花斑、茎枯，又称花斑黄色茎枯病，在花期主要是主茎上部叶片呈黄色花斑，然后为红色，叶脉仍然为绿色。

我们传统上将磷酸二氢钾归为钾肥处理。

四、镁（Mg）——中量元素

镁肥非常便宜，但是由于镁肥的效果非常好，所以在这里先进行单独介绍。镁肥是市面上绝大多数的所谓磷酸二氢钾的原料，一般情况下，工业磷酸二氢钾，成本都在每公斤12元左右，而这样的磷酸二氢钾，3元就可以买到一公斤，价格差的也太大了，明显不可能，但是，这个也从另外的角度说明，镁肥的作用是非常好的，因为，最起码从田间表现上来说，是十分漂亮的。

镁元素主要的作用是什么呢，我们做一个简单的介绍。

①镁是叶绿素的组成部分，是叶绿素这个有机化合物的唯一金属成分，是叶绿素的核心。叶绿素的分子式如图5所示。

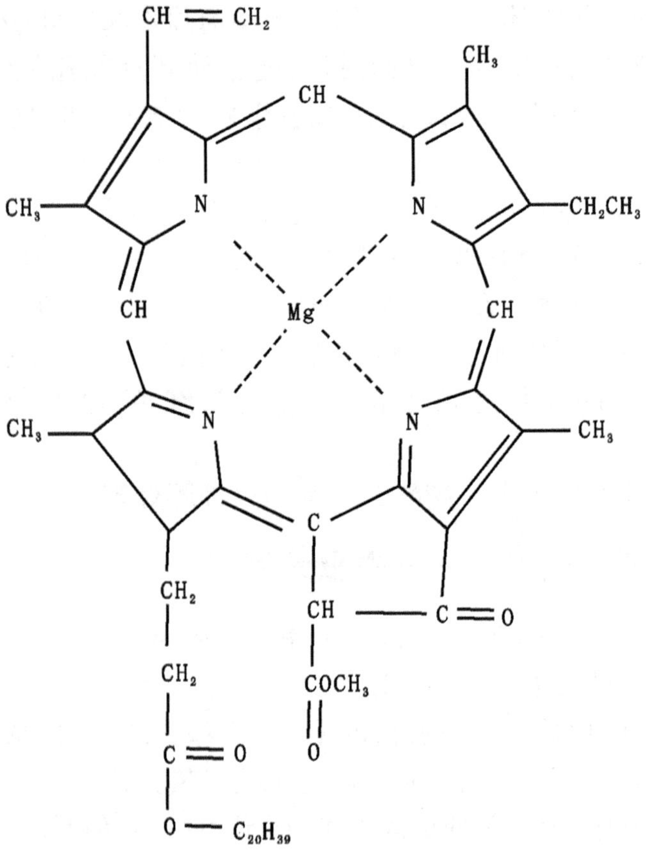

图5 叶绿素的分子式示意图

中间的那个东西，就是镁。

心里缺少镁，就是缺少心里美，那么无论是人，还是植物，都会出现一个现象：形象猥琐。植物缺少叶绿素，会叶片发黄，造成光合作用减弱。虽然营养元素都是由根部吸收上来的，但是没有光合作用，就没有办法吸收。这就好比我们的营养都是从嘴巴里面进去，除了提供吃的，主要还要看胃的动力是什么，镁肥其实就类似植物的吗丁啉，所以，缺少镁肥就缺少植物的胃动力。

②镁肥是多种酶的活化剂。很多的酶一般都没有起到什么作用，冬眠着呢，活化剂就促进酶工作。

③镁还是聚合糖体的成分，聚合糖体是蛋白质必需的基本单位。

五、锌(Zn)

锌肥属于微量元素肥料，这个微量元素主要的意思，就是用量很小，但见效很大，大家养过动物就知道，比如养鸡用添加剂，一点点东西，鸡长的就非常快，一般三个月就可以吃肉了，如果没有添加剂，那么这个简直就是不可能完成的任务。微量元素对于植物也是一样。锌的主要作用如下：

①锌肥是一些酶和一些辅酶的组成部分。酶特别难伺候，它是什么元素都需要，稍不满意，就不活化了，平时也什么都不干，就是进行合成的时候，催化一下，意思还是什么都不干，就喊加油的那种。但是偏偏什么地方还都用得着它，所以，我们种棉花的时候，要不断地补充酶。

锌肥最主要的是碳酸杆酶、磷脂酶、黄素酶、二肽酶、谷氨酸脱氢酶、苹果酸脱氢酶、乙醇脱氢酶、L－乳酸脱氢酶、D－乳酸脱氢酶、D－三磷酸甘油醛脱氢酶、D－乳酸细胞色素C还原酶和醛缩酶等的主要组成部分。所以，咱们先说一说碳酸杆酶，它在植物体内分布十分广泛，主要存在叶绿素体里面，只要存在于叶绿素里面的东西，一般来说，就是能够增强光合作用，但是我查完资料发现，其确定的生理作用还不清楚，就像武林高手，很厉害很厉害的那种，你暂时是不知道他有多大能力，或者有什么本事，但是本事是很大的，这个家伙能够使二氧化碳进入作物内消化，形成重碳酸盐和氢离子，促进光合作用中的二氧化碳的固定。能够提高光合强度，从而增加干物质的积累。干物质积累就是好比人长肌肉，瓷实着。

②锌肥参与作物体内的吲哚乙酸的合成过程。吲哚乙酸是作物自身合成的一种生长素。如果缺乏生长素，植物就长不大。下面可以看到锌肥的作用：

吲哚＋丝氨酸→锌＋色氨酸合成酶→色氨酸→吲哚乙酸

如果没有锌肥的参与，吲哚乙酸是很难以合成的。从这个观点来看，植物缺少锌肥的时候，一般生长素含量就会下降，导致植株生长发育出现停滞状态，节间缩短，形成小叶簇生的现象。

③锌以某种方式影响叶绿素的形成，就好比锌肥是叶绿素的闺蜜，虽然不合成，但是可以影响。和谷类作物缺锌一样，棉花缺锌叶片维管束的叶绿体会明显减少，叶绿体的片层结构遭到破坏，因此，降低了作物光合作用强度和干物质的积累。

④锌和作物体内的碳、氮代谢的关系密切,代谢就是消化的作用。缺锌的时候,作物体内总氮量变化是不大的,也就是说,吃的饭没有什么变化,但是吸收出现了问题。

⑤锌是稳定细胞核糖体的必要成分,所以,细胞核糖体在没有锌的情况下,是非常的不稳定。

⑥锌对生殖器官的影响是非常强悍的,我们经常说硼肥的作用,这样说吧,硼元素决定花粉的多少和有无,锌元素决定花粉的大小和强度,反正这个东西呢,是不可或缺的,所以,一般我们在棉花现蕾前期,用锌肥和硼肥的配方施肥,是比较好的选择。

⑦锌还能够在某种程度上稳定作物的呼吸作用,提高作物抗逆性,调节作物对磷肥的吸收,会使作物体内无机磷大量积累(无机磷是非常难吸收的)。

棉花对锌肥是情有独钟的,最起码在新疆,锌肥在销量上是仅次于氮肥、磷肥、钾肥、有机肥的品种。

棉花缺锌是从第一片真叶开始幼叶就是青铜色,叶脉间明显失去绿色,叶片变得很厚,而且轻轻一碰就碎了,叶缘向上卷曲,棉株矮矮的个子,现蕾结铃推迟,而且,蕾铃容易脱落。

六、硼(B)

硼肥早在1923年,就已经肯定其作用了,一般情况下,被我们称为受精粉。我广泛翻取了相关的资料后发现:关于酶在植物体内的确定生理作用,还不是很清楚,还没有证实硼和作物体内的酶或者酶的活性有关。但是,有下列几个事情是经过实践检验的,可以说明硼肥的作用。

①硼参与作物体内糖的运输与代谢缺硼的时候,作物体内碳水化合物代谢发生混乱。人体内如果碳水化合物代谢发生紊乱,结果是非常的疲惫。作物缺硼的时候,糖不能够运输到生长点,引起生长点的死亡,在有硼的情况下,有利于糖穿过细胞膜的运输。这点就显示硼肥很重要,因为硼有利于生长点的发育,比如长个子、生根。

②硼与作物的生长素合成或者利用有关。虽然没有证实硼肥在生长素代谢中起到某种特别的作用,但是硼对作物根部的生长是肯定有促进作用的。硼肥能够间接控制作物体内的吲哚乙酸,我们再重复一遍:吲哚乙酸是作物自身合成的一种生长素。

有了硼,吲哚和丝氨酸是不能够结合,所以,硼有的时候,会抑制生长素,因此,在苗期的时候,大家尽量不要使用硼肥,硼肥应该在花芽分化的时候使用,大体上在6月中旬。

③硼能影响作物体内的细胞伸长和分裂。硼可以影响作物体内的核酸含量,另外还和果胶合成有关。缺硼的时候,作物体内核糖核酸明显降低,植物组织果胶物质就会减少,细胞壁就会变厚,然后这些组织就容易被撕裂。

④硼和6－磷酸葡萄糖络合,能够抑制6－磷酸葡萄

糖的活性,6－磷酸葡萄糖具有很强的破坏力积累起来,作物就容易出现组织坏死,比如褐腐病、根心腐病。

⑤没有硼的时候,作物就不能够形成正常花。花是植物的生殖器官,作物缺硼具体表现为花药和花丝萎缩、花粉管形成困难,妨碍受精作用。花粉粒的发育不能够正常进行,形成“花而不实”的现象,硼能够促进D－半乳糖的形成和L－阿拉伯糖转入花粉管薄膜果胶部分的数量,促进花粉的萌发,有利于花粉管的生长。

⑥硼肥对根瘤有很重要的作用,如果没有硼,那么根瘤生长不良,同时作物生长也受到阻碍。

总之,硼利于花芽分化——尤其是在作物现蕾期,硼肥的作用是非常重要的,将长个子变成生殖发育。

硼肥能够防止作物褐腐病,硼肥能够传宗接代, 硼肥能够增强固氮能力。硼肥的作用实在是多,但是要记住一点,硼肥使用的时间是在棉花现蕾前期,如果在苗期使用的时候呢,容易造成生长点的抑制。

棉花属于中度敏感的作物,棉花叶、花、果以及根和茎的正常生长都会受到硼肥的影响,我们根据这个情况,就可以判定棉花是否缺硼。首先,看根系是否发育不良,维管束是否受到损害,看生长点是否坏死(生长素浓度过大的时候,生长点会容易出现坏死)。苗期和蕾期缺硼时叶片变厚变大,变脆,暗绿没有光泽,上部叶片萎缩。当叶柄上出现一圈一圈的环带的时候,我们就可以判断棉花会潜在的缺硼。

注意:我们常用的硼砂是碱性的,农药使用的注意要点是不要和碱性的农药和肥料一起使用。选择叶面喷施硼肥的时候，不要和农药一起喷施，否则会影响肥效及药效(磷酸二铵也是一样的)。

七、铁(Fe)

铁在作物体内是很多酶的组成部分，由于它经常位于某些重要的活性部位上，所以很重要。以下是铁的几种主要功能：

①铁有利于叶绿素的合成。前面大家看过了，叶绿素中间的原子是镁，铁没有，但是，要记住一点，铁也是必需的，虽然不是中间元素，叶绿素是一层一层的组织结构，就好像一层一层的房子，如果没有铁的时候，叶绿素就容易出现崩解，好像堆在一起的海绵出现的方式一样。铁肥起的作用是固定的作用，就好像房子的大梁。

缺铁的叶绿素崩解后，叶片出现严重的失绿现象(这个现象在葡萄地里面发生比较普遍，一般在六月份，大家可以看到许多葡萄叶片白花花的一片，就是缺铁造成的)，新的叶片出现的颜色十分怪，有的都有点透明状。没有叶绿素的时候，植物就进行光合作用，植物就会缺乏营养，因为，植物是通过光合作用进行合成自身养分的。

②铁肥能够促进氮肥的代谢。铁肥和铜肥，在硝态氮转化为铵态氮的时候，起着促进作用，铵态氮的吸收要快得多。

③铁与作物的氧化—还原过程关系密切。这点和铁在人体内的作用有点类似。

④铁能够增强作物抗病性。保证作物的铁肥供应，能够增强作物的抗病性，这点是很重要的，如果在6月中旬和8月上旬滴入一定的铁肥，那么棉花的抗病能力就会增强许多。这个在枯黄萎病的治疗上会有显著的作用。

棉花对于铁肥是属于中度敏感作物。

八、有机肥

按理说，所有的有机质的肥料都能够叫做有机肥，比如说各种粪或者油渣什么的，但是，我们在分类的时候，多数倾向于将这些东西的商业产品叫做有机肥，就是我们常见的这个或者那个有机肥。

我们对有机肥要先有个概念，这种肥料如果从肥力角度来看，那是相当的低，在很多地方，有些不良经销商，将有机肥的作用吹得神乎其神，就好像只要用这么一个，其他肥料都不用上，就会出现超高的产量，类似于万能丹，许多农民蜂拥而至，然后，有机肥在有些地区，直接被淘汰。

其实，有机肥的推广价值，并不是在于它的肥力，而是在于对于土壤的改良，土壤改良后，作物对肥料的吸收可以达到非常高的水平，这个我们通过化肥是很难办到的。

有机肥能改良土壤的原因最主要是因为它可以改良土壤内的微生物环境，微生物可以分泌很多的利于植物生长的物质。打个比方，现在化工业这么发达，人可以不用吃饭，光吃一些化工合成的维生素等人体必需的元素，体内机能几乎不变化，但是，身体肯定会不舒服，对于植物也是一样的，这就是我们施有机肥的目的。

原则上，有机肥是越多越好，但是，这个也要看农户的承受能力。但如果每年都能施一点，是最好不过的。

棉花需要最多的无非是氮、磷、钾，其次是一些微量元素。所以，在购买肥料的时候，要看重肥料的性价比。

有很多的棉农不知道什么是氮肥、磷肥、钾肥，那么在这里我们简单的做个分类。当然，不按照专业的化肥分类的方法，那样太过于复杂，咱们一般按照我们的传统方法来进行分类。

氮肥：我们常见的是尿素，英文标识为 N。

磷肥：我们常见的是磷酸二铵、磷酸一铵、过磷酸钙，重过磷酸钙（三料），英文标识为 P，当然一般来说标识为 P_2O_5。

钾肥：我们常见的是硫酸钾、氯化钾，英文标识为 K，一般标识为 K_2O。

复合肥：三种养分都含有。

从严格意义上来说，磷酸二铵、磷酸一铵属于复合肥料，但是按照使用传统，我们在这里把他们列入磷肥。

复合肥的标识上一般以三个数字，比如 10－20－10，那么这个标识表示含氮 10%，含磷 20%，含钾 10%。当然也不是越高越好，按照国家标准 GB15063－2001，还要要添加一些其他的元素。三种养分的含量之和最高也就能够达到 66% 左右。有的标识为 10－30－6（s），这个

“S”代表硫酸钾。包装袋上没有写含量的,要注意找一找包装袋上,看看是否含 cl(氯)。土壤不同,有很大的差别。

微量元素就不用太解释了,养过鸡的人可能都有印象,就是在饲料中,给鸡放一点添加剂,有助生长。但是前提条件就是一定要在饲料确保的情况下,所以微量元素的增产效果一般表现在大量元素氮、磷、钾充足的条件之下。我没有见过不上氮、磷、钾,光上微量元素而获得高产的先例。

简单的说,氮相当于棉花的饭,磷相当于棉花的菜,钾相当于盐,微量元素就相当于佐料,适当的使用微量元素,就相当于给这个大餐增加调料。能够促进棉花的“食欲”。

在新疆主要用的微量元素有锌(Zn)、硼(B)、铁(Fe)、镁(Mg)、锰(Mn)。

在这里说这么多,就是想告诉大家一个简单的基本知识,要买到性价比高的肥料,要不花了大价钱,还没买到好肥料,容易上当。比如说,市面上有种钾肥,标签写的很出众:100%吸收、98%含量,并且价钱很贵,比一般钾肥高4倍都不止。但是翻开背面一看 $K_2O>4\%$,这个代表含钾量只有4%,这就可以判定,这个价格太离谱了。

我们一定要学会怎么去看肥料。现在拿市面上的一个肥料来说明。拿到这个产品的时候,我们第一要看这个是什么肥料(图6):

大量元素水溶性肥料，首先我们要立刻确定这个肥料的水溶性，含义就是肥料是几乎全水溶的。

图6　市场上一种常见的复合肥料示意图

主体的含量>50%，同时立刻要看的是各个养分比为：27－14－9－1－1－1，这是根据《肥料标识内容和要求GB 18382－2001》规定的配合式标注方法，其中的含义是含氮27%，含磷14%，含钾9%，这三个的写法是国家法定的排列方式。

任何肥料，我们只要看三个，比如15－15－15就知道依次为氮肥、磷肥、钾肥的排列方式。剩下的我们按照排列观察依次为硼占1%，锌占1%，锰占1%。

好了，我们根据这个配方就可以迅速判别其滴入的时间，因为这个含量为氮、磷、钾的比例为2∶1∶0.6的配比，适合棉花的整体配比要求，可以全程使用，如果在全程都不用其他任何肥料的情况下，使用70公斤左右的这种肥料就可以有很高的产量的，而且各种元素都是充足的。

百科小知识

根据国家对大量元素水溶性肥料的相关要求，三个大量元素的最低要求含量要大于6%，也就是说，在市面上，如果农户发现比如：大量元素水溶性肥料含量为12－48－0.05，并写着磷酸一铵滴灌肥的养分含量肥料的时候，就要注意其真假性了，最起码这个肥料不符合相关的规定，在标识上就违反了相关的法律。一个大的厂家，不可能出现这种失误，而一个连标识的正规性都不懂的厂家，就不用考虑其肥料的质量了。

看完了大量元素水溶性肥料后，我们看一看叶面肥的一些说明(图7)。

图7　市面上一种常见的叶面肥示意图

第一个我们要迅速找到这个叶面肥是什么样的叶面肥。首先在正面看到:含氨基酸水溶肥料。这个肥料有两个标准,一个是GB/T17419－1998的国家标准,另外一个是NY1429－2010的农业行业标准,这两个标准,有一定的冲突性,但是,我们一般选择的时候,选择后者,但是前者也是可以的,我们一定要记住这两个标准。当然有些企业使用企业标准,也是允许的,如果用这两个标准,那么标准表示方法一定不能够出错,如果标识都出错了,那么只能证明这个公司没有做好相关的审核。

第二要看这个叶面肥有没有有害元素的标注,这个是很多假肥料厂商所不注意的地方,可以当做判定真假的一个标准(当然,完全确定为伪劣产品,要检测,对于很多的农户,没有这种手段的时候,绝大多数我们建议使用的是观察标签检定质量的办法)。

接下来我们要清楚氨基酸的作用:氨基酸作为构成蛋白质的最小分子存在于肥料中,有易于被作物吸收的特点;亦有提高施肥对象抗病性,改善施肥作物品质的功能。补充植物必需的氨基酸,刺激和调节植物快速生长,促使植物生长健壮,促进其对营养物质的吸收;能增强植物的代谢功能,促进光合作用,促进植物根系发达,加快植物生长繁殖。

然后,我们看其中的字母表示含有锰、锌、铁、硼。我们前面介绍了锌、铁、硼的相关知识,锰控制着植物体内的许多氧化还原反应,锰还是许多酶的活化剂,并直接参加光合作用中水的光解,锰也是叶绿体的结构成分。土壤中锰的有效性受土壤pH值和碳酸盐含量的影响较大。土壤pH值高或碳酸盐含量高于9%时容易缺锰(尤其是在盐碱地的效果更加的优秀)。

我们再看这个含量,由此可以确定一点,这个液体是黑色的略微黏稠(氨基酸能够达到100 g/L的话,那么就会有点黏)的液体(铁元素在水溶液中,大量是以黑色存在的,我们大体上可以以这个来看其真假性),如果这个肥料的含量没有问题的话,我们可以判定:第一,在新疆,尤其盐碱地喷施该肥后,增产效果是比较突出的。第二,喷施的时间上没有相关的要求,一般来说,下午喷施的效果要优于上午的喷施效果(所有的农药都有这个特点)。第三,养分以微量元素为主,不能够代替大量元素,但是能够迅速提高大量元素的利用率。第四,根据一般原则,这种肥料对壮苗、增加现蕾、促进开花、促进结铃都会有很好的效果,所以可以全程使用。

这样介绍完之后,我们拿到一种肥料时就能够迅速以其含量来确定其用法和用量,这个我们要学会。因为只有这样,我们才能够迅速的提高我们的技术。高产是如何炼成的,这个就是基本功。

好了,讲解了肥料的基本知识之后,我们开始准备配方施肥,这个和大厨师做饭是一个道理,大家想想,大厨师做饭,就是要先把原材料准备好,没有原材料的大师傅就"巧妇难为无米之炊",而原材料准备好了就是准备开始炒了,具体咸盐放多少,姜放多少,醋放多少,什么时候起锅等, 就是看厨师的技术了。

好,我们先说说原材料"配方"的工作。

我们传统上的施肥大都是按照史坦福公式来进行的,虽然表现形式有差异,比如平衡配方施肥法、测土配方施肥法,等等,其实核心都是史坦福公式的演化。

百科小知识

史坦福公式的道理很简单,就是养分的平衡原理,就像我们有多少菜,放多少盐一样,菜就相当于我们的棉花,盐就相当于我们的肥料。放少了,没有什么味道,放多了,那几乎就不能够吃了。意思就是一点——平衡。

究竟要翻入多少肥料或滴入多少肥料要根据实际情况。

第三章　农　药

说起农药，广大市民们表现出十分痛恨的感觉，因为，动不动就发现了农药残留。有种幽默的说法：将中国人用锅铲拍扁，那直接就是一张完整的元素周期表。

不说其他的，我认识的很多农户，这边喷完农药，那边就开始卖菜了，一般情况下，农药的安全间隔期是 14 天，这样的菜，吃到嘴里，化在胃里，深入血液，后果真是不敢想象。

有一个笑话说，一个中国留学生，在美国，吃了一次饭，所有一起吃饭的人，都已经食物中毒，而他没有，大家觉得不可思议，然后，他只好悻悻地解释：中国人吃东西，习惯了农药残留，已经百毒不侵了。据传闻：中国人体内检测到的农药含量是日本人的 20 倍，美国人的 10 倍。听到这样的传闻，心中颇为感慨。

这些是农药的不好的方面，但是，如果没有农药，我们可能也没有现在这么好的日子。大家都知道，在古代，我们除了天灾之外，最害怕什么，最害怕的蝗灾。天灾无非是一个片区一个片区的，因为我们国家幅员辽阔，所以，一般情况下，受灾面积都不是特别大，但是，蝗灾不同，可以造成赤地千里、寸草不生。自从现代农药出现后，这个情况几乎就已经绝迹了，即使在小范围发生，也影响不了大局，所以，可以这样说，我们现在的幸福生活，其实和农药是息息相关的。

从根本上来说，这个世界有三种医生，一种是人的医生，开出的是医药。第二种是兽医，开出的是兽药。第三种是植物医生，开出的是农药。

从字面来解释，农药是农业所用的药剂。我们经常将叶面肥从肥料中剔出，把其放到农药里面来说，主要的原因是在时间上施叶面肥和施农药的时间几乎是一致的。

好了，我们开始介绍一些棉花田间的相关农药。

一、农药使用的相关问题

（一）喷药问题

介绍农药前，我们要先说一下农药喷施的问题，这个问题很关键，是使用技术的问题。

我们经常到田间地头一看，很多棉农打农药的效果都不怎么样，虫子几天后还在那里晒太阳。找了半天原因，药剂，问题不大，也没有用碱性的东西。然后，我经过实地调查才发现很多棉农都把农药直接往盛有三吨水的喷药罐里面倒，然后随便一搅拌，直接就喷施了。

经常做饭的人知道，打面糊糊时，如果将面粉直接丢到开水里，做出的这个糊糊就特别难喝，因为有一大堆的面疙瘩,还有些生面。但是真正好喝的糊糊是这样的:在碗里面将面粉用水搅均匀后,然后再打到锅里搅均匀。这样的糊糊是均匀一致的,而且一点生面都没有,比较好喝。

喷农药就是这样的道理,农药好比这个面粉,而搅匀的工作就是指的搅匀面粉这样的工作,这个工作的关键点是让农药特别的均匀。农药均匀后,喷施的效果比较好。

另外,还要注意药剂喷施的时间,大体上是在北京时间下午 7 点(对于新疆来说)后比较保险,因为这个时候,一般不存在药剂受到早晨露水的影响,以及中午受到阳光直射后挥发的问题。

(二)农药的真假

农药的真假性,是农民比较关心的问题,很多农民朋友除了打农药的原因之外,还有一点更要注意,就是农药的真假。农药的真假性农民一般没有过多的注意,但是这个是最关键的,我们现在将如何判断一些农药的真假的问题来进行说明。

第一点,农药从 2008 年 7 月 1 日开始,全面使用的是通用名称,而不是商品名称。很多农民朋友问我,什么是通用名称,什么是商品名称,我们解释一下,比如,你身上穿了一件波司登棉袄,通用名称就是棉袄,商品名称就是波司登棉袄,商标名为波司登。

所以,从 2008 年 7 月 1 日之后,我们在市面上很少能看到比如"三秒杀"、"全虫净"、"杀蚜 18 秒"等农药了。

而现在出现这种现象是违法的，最起码，商品名称的字体的大小，不能够超过通用名称字体的大小，否则标签不合格。

第二点，告诉大家一个确定的网站：中国农药信息网，在这个网上，有一个能够检查到农药原先成分登记的地方，有了这个，农民可以把很多假农药给剔出来。如果检查出来的信息和这个信息有区别，比如厂家不一样或者登记的信息不一样，那么肯定是假货。

第三点，“QS”标志，这是我们国家的一种质量检测的强制手段，我在后面附录上，写上了该有“QS”标志的东西，大家按照这个东西去查，如果该有的没有，那么这个农药有点假。

这几点在以后要详细解释，现在我们继续进行。

我们在介绍农药的时候，不再进行传统上的说明方法，而是使用另外一种从前到后的方法进行品种介绍，其中包含了除草剂、杀菌剂、杀虫剂、叶面调节剂等各种剂型。在介绍相关农药的时候，我们就将相关的虫害、病害也同时介绍了。

二、农药的品种

（一）除草剂

首先介绍的是氟乐灵和二甲戊灵（图 8）两种除草剂。

图 8　市面上二甲戊灵示意图

这两个除草剂都是二硝基苯胺类的除草剂，都是土壤处理剂，土壤处理剂的意思就是药剂要喷施在土壤上，而不用喷施在作物上，就能够把草杀死的除草剂，这种东西有一个典型的缺点，就是对于已经出土的杂草无效。

这种农药作用的机理是通过植物吸收，然后到植物体内，药剂与微管蛋白结合，抑制植物细胞的有丝分裂，从而造成杂草死亡，抑制杂草的幼芽和幼根。

在这里要注意两点：一个是要让植物吸收，吸收的关键是要有水，所以，很多的农户随便喷一喷，这种做法以前抢墒种的时候，是可以的，但是现在有了滴灌技术，土壤含水比较少，如果还是使用随便喷一喷的做法，喷这一点水的话，除草剂的效果不好。所以，一定要加大喷水的量,理论上来说,越多越好。二是要防止不安全事故,大家用三吨的打药罐打药,需要注意的是,如果在天黑时打药,千万不要用打火机去看还剩多少药,因为农药是一种化工产品,液体炸药也是化工产品,容易引起爆炸。

有了这两个除草剂,我们田间的杂草就少了许多。氟乐灵,又叫茄科灵。杂草在发芽过程中,吸收后根部会发生肿大、畸形(所以氟乐灵一般情况下剂量不要超过150 克/亩,否则也容易使棉花出现根部肿大,同时在现蕾期时容易出现暴死的现象。如果把棉花拔起一看,就会发现根部像长了一个瘤子似的)。

氟乐灵以48%含量的为主,这个东西,有个显著的特点,就是见光分解,这点着实让我们所有的棉农们大为头疼,因为打完药必须要耙地,否则,太阳一晒,除草剂就分解了,消失了。

我们常见的二甲戊灵叫做施田补。这种农药是由德国巴斯夫公司最先使用的商品名称,有了这个商品名称,这是很关键的,因为大家都知道第一个是最容易让大家记住的,所以,我们在很多的时候,一说到33%含量的二甲戊灵,都说这是施田补。而且一般来说,施田补在这几年的表现是比较突出的。

二甲戊灵和氟乐灵最主要的区别是它见光不分解,所以,打完药后耙地与否,不是很重要,重要的是要搅拌均匀,同时水量要大。一般我们推荐剂量为每亩200 克左右,但是在实际操作过程中,往往使用300 克左右,这个一定要和技术员进行沟通。

百科小知识

二甲戊灵(Phendimethalin)是一种优秀的旱田作物选择性除草剂,可以广泛应用于玉米、大豆、花生、棉花、直播旱稻、马铃薯、烟草、蔬菜等多种作物田除草。目前,二甲戊灵是世界第3大除草剂,销售额仅次于灭生性除草剂草甘膦、百草枯,也是世界上销售额最大的选择性除草剂。其它名称:施田补、二甲戊乐灵。CAS号:40487-42-1。分子式:$C_{13}H_{19}N_3O_4$。分子质量:281.31。中文名称:N-(1-乙基丙基)-2;6-二硝基-3;4-二甲基苯胺;菜草灵;施田补;胺硝草;二甲戊乐灵;N-(1-乙基丙基)-3;4-二甲基-2;6-二硝基苯胺。

给大家介绍这个标签的时候,要强调一点,除草剂的标志带是绿色的,现在市面上很多假的农药都忽略这点。同时,如果在棉田使用二甲戊灵,我们建议使用施田补这种登记证在棉花上登记的产品,比较妥当。

其实除了氟乐灵和二甲戊灵外,还有草甘膦、百草枯、氯氟吡氧乙酸、高效益盖草能等除草剂,这些除草剂用量都是比较小的,但是这些除草剂有很强悍的作用,主要表现在以下几个方面:

新疆有很多的土地都是由芦苇滩改造过来的,虽然芦苇在没有开荒的时候,绿油油的,挺好看,还可以包粽子,但是这芦苇跑到棉花地,就不是那么好玩的了,因为这个家伙的根系比较发达,有点像我们吃的莲藕,一层一层的,一年死不了,还是多年生,野火烧不尽,春风吹又生。

以前,都是人工拔除,这个家伙就像竹笋一样,越打越多,越压越多,我在没有学习植物保护专业以前,看到群众将芦苇剪开,从中间灌柴油进去,然后点火,也是一种办法。

草甘膦就是这样的,大多都是在芦苇上面使用。这种除草剂是为数不多的有机磷除草剂,特点就是见绿就杀(美国孟山都公司有一种玉米是抗草甘膦的,让人很佩服,孟山都公司,非常强悍。现在世界上的绝大多数农药种子都是这个公司出品的,也就是说,孟山都公司控制了全世界的胃),而且杀完后,通过传导,渗透到根部,使根部也会死亡,这样就控制了芦苇的长势。对于很多的林木地,我们也用的是这个方法,直接喷雾,只要不喷到作物上就可以了。

看到有的农民朋友田间芦苇比较多,在大太阳底下暴晒除草的时候,我有点内疚,因为其实很简单,用10.8%高效盖草能(精氟吡甲禾灵)进行田间喷雾就完全解决问题了,不过这种除草剂我们一般不敢推荐。

大家要想一个事情,第一,农民一般是等芦苇长到一人高的时候,才去搞定它,平时几乎就当没有见到,这个时候,除了草甘膦,高效盖草能几乎是无效的。第二,有的时候农民朋友在喷高效盖草能时,没有做二次稀释,往往造成效果不好。所以,对于这种技术的推广,我们往往都是一句话:实验!实验!其实,根本不用实验,这个都是绝对有把握的技术了,就是要在正确的时间,正确的地点,办理正确的事情。

高效盖草能主要的工作就是在杂草生长的时候,抑制分裂,说白了就是不让杂草长大,其他的东西就不必详细介绍了。作用机理介绍起来,是一大堆专业术语,就好像厨师介绍辣椒很辣,但是不会给你介绍辣椒为什么辣一样。

百草枯比较特别,我们常常叫它克无踪,这也是国外公司的叫法,这种除草剂的特点也是见绿就杀,作用机理就是迅速让叶绿素合成终止。它和草甘膦的区别在于百草枯是碰到药剂的地方就枯黄,而没有碰到的地方没有事情。百草枯的功劳很多,常常被用在非机耕地的除草工作中。现在在棉田,百草枯最主要的工作是被作为催枯来使用的。

这里需要注意的一点是,百草枯对人是致命的,一般情况下,其他农药可以有解药,但是百草枯没有,3 克就可以让人产生系统性的危害,肝肾功能紊乱,而且人口服百草枯后,开始时表现不明显,容易让人忽略,但过上一阵子,再去看,肺部全部出现栅格化,这个过程是不可逆的,就是说,肺部坏死后,没有办法恢复。这种农药是现在在棉田中用的农药中最恐怖的一个。

很多的农民朋友在种地的时候,发现我们所说的藤藤草、猪草、拉拉秧,学名叫田旋花的草特别的多,这种草让人很愤怒,它不像芦苇,可以站着搞定,而是必须趴在地上将其拔除,少量尚可应付,可是我们经常要对付的是几十亩地,那肯定非常地累。而且还有一点,这种草的根几乎都在棉花的根部周围,很不好弄。

在没有氯氟吡氧乙酸(图 9)的时候,很多的棉农是用二甲四氯涂抹。但是二甲四氯具有挥发性，抹地草上后，一批棉花都会变得像鸡爪一样。

图9　市面上常见的氯氟吡氧乙酸示意图

氯氟吡氧乙酸涂抹的效果非常好，而且它没有挥发性，所以，就特别的不错。我们一般的用法是：用30克氯氟吡氧乙酸和300克41%的草甘膦，加到容量15千克的喷雾器中，充分搅匀，然后再涂抹（三天内要避开雨天，千万不要抹在植物的根部），一个星期到地里一看，就搞定了，就是比较麻烦。但是相对于拔除来说，好多了。

百科小知识

氯氟吡氧乙酸是内吸传导型苗后除草剂，药后很快被植物吸收，使敏感植物出现典型激素类除草剂的反应，植株畸形、扭曲，最终枯死。适用于小麦、大麦、玉米、葡萄、果园、牧场、林地、草坪等地防除阔叶杂草，如猪殃殃、卷茎蓼、马齿苋、龙葵、田旋花、蓼、苋等，对禾本科杂草无效。

氯氟吡氧乙酸有以下特点：

①可防除猪殃殃、卷茎蓼、马齿苋、龙葵、繁缕、巢菜、田旋花、鼬瓣花、酸模叶蓼、柳叶刺蓼、反枝苋、鸭跖草、香薷、遏蓝菜、野豌豆、播娘蒿及小旋花等各种阔叶杂草，对禾本科和莎草科杂草无效。

②对小麦等作物安全，在耐药作物体内，氯氟吡氧酸可以被这些作物轭合而失去毒性。

③在土壤中易降解，半衰期较短，不会对后茬作物造成药害。

(二)杀虫剂

现在我们开始重点介绍虫情用药，首先介绍的是啶虫脒和吡虫啉。

说到这两种农药，我们有一个先行的概念问题，我们发现为害棉花的一共有 5 种蚜虫：棉蚜、棉长管蚜、苜蓿蚜、拐枣蚜、菜豆根蚜。棉花三大害虫，蚜虫吸血、红蜘蛛防火、棉铃虫要命。而棉铃虫在 2007 年我们开始大面积推广抗虫棉后，几乎绝迹，仅仅在一些地方小规模地出现。

但是棉蚜不同，棉蚜的繁殖能力很强，一年有几十代的生育，我们要注意一点，蚜虫还有一个特点就是可以孤雌生殖，即使没有公的蚜虫，母蚜虫自己就可以生孩子，而且还不是生一个，一生生一窝。所以，几天不到，去地里面一看，蚜虫为害很严重。

苗期的蚜虫和伏蚜是棉蚜的两个生态型，干旱的天气对于伏蚜最有利，但是高温天气超过 3 天，严重的干旱和突然的暴雨，都会对伏蚜有明显的抑制作用。但是一会儿下雨，一会儿晴，对棉蚜生长又有促进作用。

棉蚜有个很奇怪的现象，就是 7 月底在新疆博州地区，无论温度和数量有多少，只要下雨后，棉蚜的种群就会出现崩溃，突然之间就会出现棉蚜消失的现象。但是，在棉蚜没有崩解前，我们总要看一看蚜虫的危害问题。

蚜虫，最主要的是吸食植物的汁液，然后让叶片发生卷曲，使蕾铃脱落，有的时候，会造成绝收。

图 10　市面上常见的吡虫啉示意图

在 2003 年，蚜虫铺天盖地出现了，爆发了蚜虫灾害，新疆历年来没有出现这么严重的蚜虫爆发，当时的多数技术人员认为还是要进行生物防治。到处强调，一定要进行生物防治，结果是显而易见的，蚜虫没有得到控制。

后来，都到 7 月份了，大家才反应过来，开始对棉蚜进行防治，吡虫啉(图 10)开始被派上用场了，当时，大家都用的是这种杀虫剂。

吡虫啉的作用机理和有机磷类的杀虫剂不同,也和菊酯类杀虫剂不同,没有交互抗性,它具有良好的胃毒、触杀和内吸作用;它和敌敌畏这些农药不同,对天敌安全,在低温环境(这个很关键,啶虫脒没有这个优势,尤其蚜虫早期,用这个效果很好)都有效果,是杀蚜虫的佼佼者,而且不伤害这些害虫的天敌昆虫和捕食螨。2003 年,吡虫啉在杀蚜虫方面给了农民极大的帮助。

但是吡虫啉的缺点就是喷施次数多了后,防效时间就越来越短了。所以,我们建议,在棉花一生中,喷施以不超过两次为原则。

在这个关键的时候,啶虫脒(图 11)出现了(这种农药还有一定的杀螨活性),啶虫脒是吡啶的衍生物,对于害虫有触杀、胃毒、内渗作用。啶虫脒和吡虫啉在打药的时候交替喷施,有很长的防治时间。

我们看啶虫脒产品的时候,最主要的是先看含量,然后看是否有“QS”标志(可溶性粉剂和可溶性液剂可以没有,但可湿性粉剂和乳油必须有,然后查询登记证是否合格,再看注意事项就可以了)。

对于其他杀蚜虫的产品,我们一般不做过多的介绍,因为这些东西,无论从效果上,还是对环境的危害来说,都是没有办法有效比较的。植物源的杀虫剂和一些新型的杀虫剂从防效时间上和效果上也没有办法比较。所以,只是介绍上面的两种。

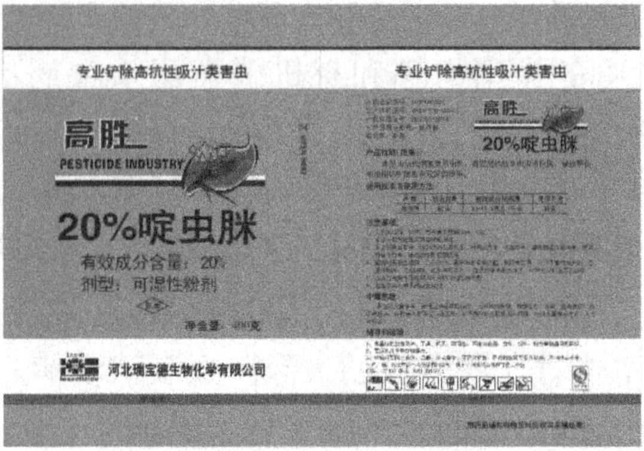

11　**市面上常见的啶虫脒示意图**

百科小知识

吡虫啉是硝基亚甲基类杀虫剂，是烟酸乙酰胆碱酯酶受体的作用体，干扰害虫运动神经系统，使化学信号传递失灵，无交互抗性问题，用于防治刺吸式口器害虫及其抗性品系。吡虫啉是新一代氯代尼古丁杀虫剂，具有广谱、高效、低毒、低残留，害虫不易产生抗性，对人、畜、植物和天敌都安全等特点，并有触杀、胃毒和内吸多重药效。害虫接触药剂后，中枢神经正常传导受阻，使其麻痹死亡。速效性好，药后 1 天即有较高的防效，残留期长达 25 天左右。

啶虫脒属硝基亚甲基杂环类化合物，是一种新型杀虫剂，作用于昆虫神经系统突触部位的烟碱乙酰胆碱受体，干扰昆虫神经系统的刺激传导，引起神经系统通路阻塞，造成神经递质乙酰胆碱在神经系统突触部位的积累，从而导致昆虫麻痹，最终死亡。

下面介绍几种解决红蜘蛛的农药：阿维菌素、哒螨灵、炔螨特和联苯菊酯。

我们先介绍红蜘蛛。红蜘蛛又称为火龙，是棉田的主要害虫。我们要先说明一点，红蜘蛛不是昆虫，很多的时候，需要控制的害虫都是昆虫，比如说蚜虫、棉铃虫、地老虎、苍蝇、蚊子，等等。但是红蜘蛛不是，红蜘蛛是螨类，就是八条腿的蜘蛛类型，很多的红蜘蛛会建造自己的房子——一张硕大的蜘蛛网。

常见的红蜘蛛有三种：朱砂叶螨、截型叶螨、土耳其斯坦叶螨。大家到不用看这几个名字，我们主要看我们是怎么消灭他们的就可以了。

对于害虫和草，我们要记住一点，一定要欺负小的，因为成熟的害虫和草不容易对付，它们对农药的抗性都特别的强。同时，害虫和草在中剧毒前，会遗留下后代，我们杀了大的，小的又出现了，一遍又一遍地便宜农药厂家。

我们对付这几种红蜘蛛，用的都是如下方法，我们简称红蜘蛛防治三板斧。

方法一：用阿维菌素防治。

阿维菌素（图12）是一种多用途的杀虫、杀螨、杀线虫活性的抗生素。抗生素大家最了解的是青霉素。抗生素的意思就是由一些菌类分泌出来，能够让某些东西不能够生存的物质。有的是从菌类分泌物中提取的，有些是化工合成的。

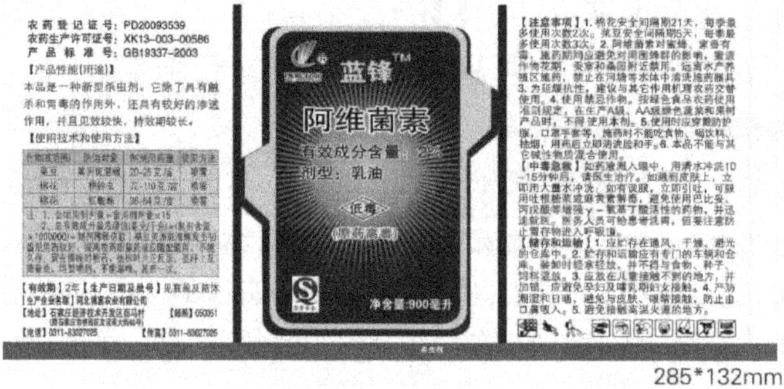

图12　市面上常见的阿维菌素示意图

阿维菌素对红蜘蛛有胃毒、触杀、内渗作用，作用时间长（理论上的，这种杀虫剂，特别害怕阳光）。有的时候，在红蜘蛛发生很严重的年份，经常不定时地喷施阿维菌素的棉田，很少会出现红蜘蛛和棉铃虫。而且特别省钱。这种农药是传统上比较重要的农药。

百科小知识

阿维菌素是一种高效、广谱的抗生素类杀虫杀螨剂。它是由一组大环内酯类化合物组成，活性物质为AVERMECTIN，对螨类和昆虫具有胃毒和触杀作用。喷施在叶表面可迅速分解消散，渗入植物薄壁组织内的活性成分，可较长时间存在于组织中并具有传导作用，对害螨和在植物组织内取食危害的昆虫有长残效性。主要用于防治家禽、家畜体内外寄生虫和农作物害虫，如寄生红虫、双翅目、鞘翅目、鳞翅目和有害螨等。通用名称：Avermectin；商品名称：阿维菌素；有效成分：B1a + B1b；分子式与分子量：$C_{48}H_{72}O_{14}$，873.09（B1a）、$C_{47}H_{70}O_{14}$，859.06（B1b）；含量：原药 B1a + B1b≥95.0%，B1a/B1b≥4。乳油 B1a + B1b≥1.8%；性状：原药为白色或浅黄色晶体粉末，熔点为157～162℃。乳油为褐色液体，无可见悬浮物和沉淀；稳定性：通常贮存条件下本品稳定，在PH5－9和25℃时其水溶液不会发生水解；毒性：大鼠经口LD50为1470 mg/kg。无致畸、致癌、致突变作用。

阿维菌素触杀、胃毒、渗透力强。它是一种大环内酯双糖类化合物，是从土壤微生物中分离的天然产物，对昆虫和螨类具有触杀和胃毒作用，并有微弱的熏蒸作用，无内吸作用。它对叶片有很强的渗透作用，可杀死表皮下的害虫，且残效期长，但它不杀卵。其作用机制与一般杀虫剂不同的是它干扰神经生理活动，刺激释放r－氨基丁酸，而r－氨基丁酸对节肢动物的神经传导有抑制作用，螨类成、若螨和昆虫或其幼虫与药剂接触后即出现麻痹症状，不活动不取食，2～4天后死亡。因不引起昆虫迅速脱水，所以它的致死作用较慢。虽然对捕食性和寄生性天敌虽有直接杀伤作用，但因在植物表面残留少，因此对益虫的损伤小。对防治根节线虫作用明显。

对于阿维菌素，我们要知道一点，就是它是乳油，无论含量一律要求“QS”标志，这点是很关键的。

方法二：用哒螨灵（图13）+联苯菊酯或者尼索朗（图15）控制，哒螨灵和联苯菊酯（就是以前防治叫做天王星的那个昆虫的农药，在低温的情况下效果突出，而新疆这里经常会出现低温的天气，所以用这种杀虫剂要好一点），哒螨灵是速效性特别好的一种药剂，效果非常突出。对于红蜘蛛的各个形态都有非常好的防治作用。尤其在第一次爆发红蜘蛛的地方，效果非常突出，几乎是喷过三天后叶片就会迅速好转。

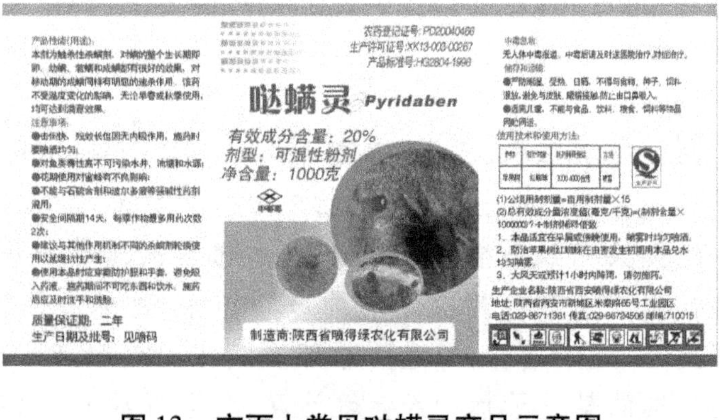

图13　市面上常见哒螨灵产品示意图

哒螨灵有个缺点，就是害虫容易产生抗药性，所以建议一个季度使用不要超过三遍。

方法三：用炔螨特（图 14）+ 联苯菊酯（或者尼索朗）。炔螨特，这种农药，到现在很少有红蜘蛛会产生抗性。对红蜘蛛有较高的胃毒和触杀作用，触杀作用，具体解释就是接触后杀死的意思。所以，一定要喷施到位。

炔螨特对其他产生抗性的红蜘蛛就有非常好的防治作用，但是要注意这种农药的缺点，20℃以上，效果才比较明显，而且，对于 25 厘米以下的棉株有很强的药害，所以，在刚开始的时候，我们一般使用的都是哒螨灵 + 联苯菊酯的方案。

图 14 市面上常见炔螨特产品示意图

同时，我们在实际操作过程中，很多的时候棉农使用的浓度太大，造成了棉花发生药害，这个药害类似于百草枯产生的作用，棉花叶片枯死、蕾铃脱落。所以，我们一定要搅拌均匀。

炔螨特有一个真假鉴别的方法：这种农药很黏，40%以上的浓度都是非常黏的，所以，如果发现不黏的话，就要注意真假了（这点很多的农民朋友不清楚，我们在田间发现很多棉农使用的炔螨特，几乎跟清水一个样，喷出去，效果不怎么样，大家怪这个药剂效果不好，其实是买到假药了）。

在上面介绍红蜘蛛的使用药剂时我们介绍了尼索朗，

尼索朗，是以前的商品名称，实际名称叫做噻螨酮（图 15），一般情况下是 5% 的含量。兵团的使用量是比较大的，这种农药对于螨卵（就是红蜘蛛下的蛋）的控制效果比较好。

百科小知识

噻螨酮：化学名称 5 –（4 – 氯苯基）– 3 –（N – 环己基氨基甲酰）– 4 – 甲朗基噻唑烷 – 2 – 酮 。这种农药有效成分对于多害螨具有发挥类似计划生育的作用，也就是对多种植物害螨具有强烈的杀卵、杀幼若螨的特性，对成螨无效，但对接触到药液的雌成螨所产的卵具有抑制孵化的作用。对叶螨防效好，对锈螨、瘿螨防效较差。以触杀作用为主，对植物组织有良好的渗透性，无内吸性。一般施药后 10 天才能显示出较好的防效，持效期可保持 50 天左右。

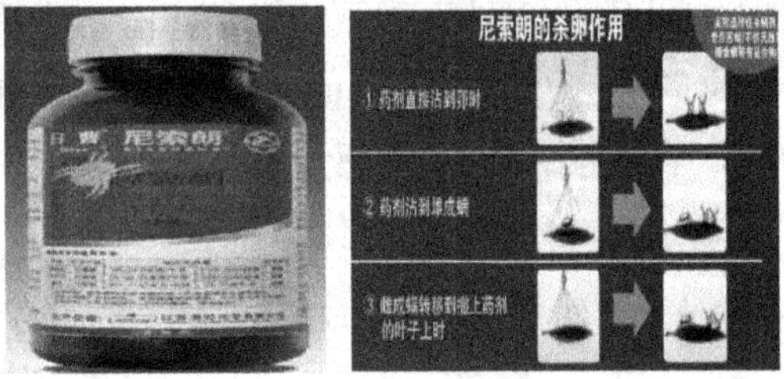

图 15　市面上常见噻螨酮产品示意图

接下来介绍棉铃虫的用药——菊酯类、硫丹、灭多威。

棉铃虫是 2007 年以前的防治重点，根据现在的种植模式，棉铃虫已经偏少了，但是个别地区还会出现偏重发生的情况，所以，我们要注意一点。

我小的时候，防治棉铃虫有个方法就是抹卵，但是现在发现抹卵的方式不合适，因为新疆的单个面积太大了，动不动就是上百亩地，抹卵难度太大了。当时比较先进的方法是父亲拿一个瓶子给我，让我去棉花地里面找虫子。棉铃虫有个特点，它的幼虫把棉花的花当做别墅，一般情况下，都在花开的日子跑到花朵里面休息。我的工作就是当它们在别墅休息的时候，把它们挑出来，进行消灭。

菊酯类农药的起源是这样的，当年虫情大爆发，国外的许多学者专家，发现了一个事情，就是一种菊花里面什么虫子都没有，这就觉得怪，于是，进行了研究，发现了一种化合物，对虫子特别有效，于是，就提取了出来，特别地厉害。但是这个东西离开了除虫菊后，效果就不行了，还见光分解。

后来，科学家们进行化学合成，加了一定的稳定剂。这个东西出来后，遇虫杀虫，遇蚜杀蚜，对人也有毒性。特别厉害，很多的时候，棉铃虫被喷上后，立马就翻倒地上，口吐白沫（形象的说法，昆虫吐绿色的水），比有机磷类的农药厉害多了，这就是菊酯。菊酯有很多种，就不一一介绍了，上面我们介绍的联苯菊酯，就属于菊酯类，绝大多数的菊酯都是杀虫剂这个大家族的成员。

后来，发现了一个问题，这种农药逐渐让虫子不是那么容易死亡了，虫子的抗药性增加了，这就会造成极大的损失，因为很多时候等绝大多数的虫子吃得饱饱的时候，我们这才发现，哦，虫的抗药性增加了。

菊酯类农药的抗药性产生得太快了，所以，后来，我们在对付抗性棉铃虫的时候，就开始使用杀手锏——硫丹。

硫丹和我们很害怕的六六六是一个类别的产品，这类产品最大的特点就是残留时间超长，而且效果特别强，会让很多很多的其他动物消失，所以，一篇很著名的文章《寂静的春天》出版后，引起了全世界人的恐惧，对于农药的恐惧，农药的残留检测，也是从那个时候开始的。

硫丹就是这个类别的农药，但还是被大家留下了，因为它有着杀虫谱广，具有胃毒和触杀双向作用的特点，同时，还有一定的杀灭红蜘蛛的效果。硫丹对于防治棉铃虫具有特别的意义。一般情况下，棉铃虫对硫丹是很少产生抗性的，这个家伙太强悍了。硫丹还有一个特点，就是对蚜虫也可以一次性搞定。也就是说，棉花三大虫害，硫丹除了对红蜘蛛作用不是很强烈外，对于棉铃虫、蚜虫都是特效的（要注意的是，根据现在欧盟的标准，硫丹是被禁止的，以后，这种药剂会越来越少了）。

灭多威最主要是在于其速效性，很多的农药中都加的有，一般在田间表现的效果是这边喷着，那边虫子就落到地下了。灭多威是内吸性氨基甲酸酯类杀虫剂，作用于害虫的胆碱酯酶，破坏害虫的神经系统，使其死亡。其具有触杀和胃毒作用，熏蒸作用，渗透力强，具有一定的杀卵效果，对有机磷和菊酯类已经产生抗性的害虫也有较好防效。

防治棉铃虫还有其他的药剂，如 BT、多角体病毒，因为用量不大，这里就不多说了。

（三）杀菌剂

杀菌剂我们绝大多数都在棉籽包衣上面使用，而在这个方面突出的是美国康普顿公司的卫福和新疆锦华出品的锦华牌福多甲（图 16）。

卫福是个商品名称，我们在前面介绍的农药都是单剂，而在杀菌剂这里面，介绍的都是复配剂，单剂的意思就是只有一种成分，就好比我们穿的衣服，说是羊毛衣服，单剂的就是指纯羊毛的，复配剂指的是，除了羊毛外，还有其他的材质。

图 16 市面上锦华产品的示意图

卫福和锦华就属于这一种，都是复配剂，当然，我们常用的还有敌克松，但是因为现在天气越来越不稳定，敌克松在很多的方面和这两种不是一个概念的产品，所以，也就淘汰了。卫福的成分为福美双和萎锈灵。

萎锈灵最大的作用是防止种传病害，并且能够渗入种子内部，杀死潜伏在种子内部的菌落。还可以刺激种子的生长，这个就很关键了。

福美双是含硫的产品，是个广谱产品，就算对头皮屑都有作用（开个玩笑，作用是真有，但是福美双对人有毒性，可不要真的用）。

卫福是这两个东西的混合产品，很厉害的。在锦华没有出现的时候，卫福可以说是杀菌剂中最所向无敌的，可以说敌克松马上就可以被卫福逼出市场了，就在这个时候，锦华出现了。锦华是福美双、多菌灵、甲基立枯灵的混剂。福美双，我们介绍过了。

多菌灵是一种非常广谱的杀菌剂，又名棉萎灵、苯井咪唑44号。对多种作物由菌（如半知菌、多 ）引起的有防治效果。可用于喷雾、种子处理和土壤处理等。

甲基立枯磷又叫利克菌、立枯灭，低毒，是一种广谱内吸性杀菌剂，用于防治土传病害，主要起保护作用。其吸附作用强，不易流失，持效期较长（注意这点）。甲基立枯磷具内吸性杀菌谱广的特点，用于防治蔬菜立枯病、枯萎病、菌核病、根腐病。

当时配方的时候，其中每一种都有非常好的杀菌作用，当这三种配合到一起的时候，作用就更不用说了。所以，这几年，锦华有着非常好的效果。

枯黄萎病的治疗：

棉花枯黄萎病几乎就是绝症。在防治枯黄萎病时，我们常用一些药剂进行防治，发现治标不治本。因为，枯黄萎病是土传病害，真菌是在土壤里面的，就算我们从土壤滴入杀菌剂，比如敌克松或者说是乙蒜素之类的东西，但真菌的繁殖力量是以几何数量级来繁殖的，几何数量级的意思就是一个繁殖成十个，十个繁殖成一百个，所以，枯黄萎病治愈的难度是显而易见的。

我们以前都是用杀菌剂治疗枯黄萎病的。其实，现在来看，这种方式，费时费力，而且，很多的时候效果不是特别明显，除非是在恰当的时间，恰当的地点，滴入恰当的合格的产品，这个"恰当"棉农最难掌握的。后来，我们开始使用生物菌——枯草芽孢杆菌、内生芽孢杆菌。

从分类来看，生物菌(图17)其实不能算作杀菌剂，农药一般指的是化学方面合称的东西，而这类产品是独立的一种产品，既不是肥料，也不是农药，是介于两者之间，同时又拥有两者发生药效的东西。生物菌登记的是微生物登记证，与肥料登记证、农药登记证并列。

生物菌的防治道理其实很简单，从根本上来说，枯黄萎病也是由生物菌落引起的。当我们将枯草芽孢杆菌滴入的时候，它就和枯黄萎病产生了竞争关系，大家可以想想看，本来根部就是这么大地方，一个菌落多了，另外的菌落就会产生压力，就像我们人类，房子就那么多，你占了这个房子，另外的人，就要跑到别的地方去买房

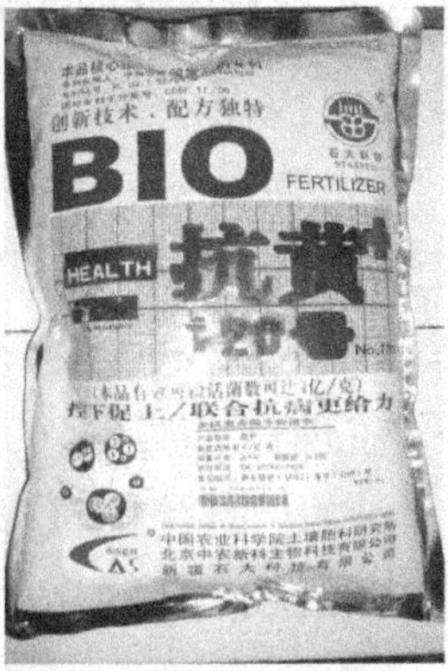

图17　市面上常见的生物菌示意图

子了。

市面上的生物菌大体上是1克2亿个含量，现在我们采用的是滴灌技术，每亩滴入1.5千克，相当于每株棉花将有1500万的生物菌在那里占位置。这些生物菌占了这个位置后，又开始繁衍，枯黄萎病的真菌没有位置了，就没有办法去繁殖感染了。就算想感染，也是十分难的了。这个效应叫做占位效应。

生物菌还有一个作用，当很多生物菌集中起来的时候，为了防止别的东西进来，就要分泌一些物体，这个物体能够阻止别的物种进来。这些分泌物比较多，常见的几种有枯草菌素、多粘菌素、制霉菌素、短杆菌肽。这几种几乎可以说是对付枯黄萎病的四环素，效果相当好，这些分泌物对枯黄萎病有很好的疗效，能够使枯黄萎病的真菌菌丝消解，有很好的治愈效果。

生物菌还能够诱导抗性，产生吲哚丁酸，吲哚西酸能够促使根系发达。

生物菌最主要的效果大体上能够达到40%，在有些文献中，能够达到70%，这个，主要看防治的时间。我们在这里建议将这个东西在重要的时间滴入。一般情况下，在现蕾前期滴入为好，效果是很明显的。

微生物登记证我们以后会介绍，这个就是一个常用的效果比较好的生物菌，我们大体上了解一下，最主要的是要看其生物菌的登记含量，后面我们会介绍如何鉴别真假。

(四)调节剂

如果棉花没有调节剂的话,个头可能会比一个楼房矮不了多少,反正没有限制就疯长。所以,调节剂是很关键的。

要注意一个问题,就是植物调节剂的使用量一定要根据需要进行,棉花重要的调节剂是缩节胺(根据2008年7月1日相关规定,我们现在叫做甲哌鎓),这个东西的用量一定要根据当时的情况进行调整。

说到调节剂,我们还有一个很重要的鉴别常识要给大家说明,就是在调节剂的标签中,有一个黄色标志带,标志带是判断一个农药的类别的,比如说,杀菌剂是黑色标志带,杀虫剂、杀螨剂是红色标志带,调节剂是黄色标志带,除草剂是绿色标志带。

结果,有很多的农药造假者,连最基本的标签常识都不知道,很多的农民朋友也并不知道,就拿一个简单的来说,市面上有叫做芸薹素的东西,超级便宜,拿起来一看,连最起码的农药登记证都没有,是肥料的登记号,更不要说是标志带了。按道理来说,这个就有点虚假宣传的意思了。

好了,说到这里,我们就开始介绍调节剂。

棉花所用的调节剂最重要的是缩节胺(现在叫做甲哌鎓),几乎棉花的一辈子都要用它。

缩节胺是赤霉素的抑制剂。赤霉素也就是920,我们过一会讲它,缩节胺最主要的功劳就是能够抑制植株的高度,以前,我们都是使用的矮壮素,但是矮壮素不小心打多了,会造成棉株果间枝短小,容易出现蕾铃脱落的现象。

缩节胺对于果枝横向生长也有抑制作用,种植棉花的人都知道,横向生长容易造成棉株倒伏,出现这种情况了后,整个棉花地都是特别的难看,东倒西歪的。缩节胺可以使株型紧凑,减少蕾铃脱落,开花结铃特别集中,伏前桃与伏桃比例增加,能够有效地提高棉花的产量和品质。

缩节胺的用法,在后面我们要介绍。

介绍完缩节胺后,我们开始介绍赤霉素(920),赤霉素这个东西原是从植物的顶尖发源的。植物有了这个东西,就有了长势,将顶尖剪去后,植物几乎不长,但是涂抹了赤霉素后,又开始长了。

一般情况下,赤霉素是不溶于水的,所以我们一般是将赤霉素溶于酒精中,等充分溶解后,再倒入水中搅匀,处理后再用。

赤霉素最主要用在棉田中,特别是在荒地中使用的,但是,后来发现,这种调节剂有一个特别不容易控制的习性:会使棉花长得快。我们常称的高脚棉就是由它引发的。

还有些棉农将赤霉素在棉花刚打完顶的时候使用,其作用机理是迅速将顶枝伸长,然后再用缩节胺控制,这样顶桃可以提前坐。虽然有一定的道理,但是我查了一下,没有相关文献说明这样可以增产,只是很多的棉农们说桃子大,但是没有相关的产量说明。赤霉素这几年在棉花上的运用逐渐被芸薹素替代了。

芸薹素就是二十世纪八十年代,一些科学家从这个植物中提炼一点东西,又从那个植物中提炼一点东西,然后进行试验,有点类似于中世纪的炼丹人员,后来发现从油菜花中提炼出的东西能够大面积促进植物的细胞分裂,同时能够迅速提高叶绿素的含量,叶绿素含量的提高又使光合作用迅速增加,从而改善作物的生理代谢作用,迅速提高作物的抗逆性。尤其是在发生枯黄萎病的时候,喷施一点芸薹素,有着非常好的恢复作用。所以芸薹素内酯又被称为油菜素内酯。

芸薹素内酯的成本非常高,一般情况下,每公斤都是按照百万元进行交易的,大家可以想象一下,每公斤按照百万元交易是什么概念。所以芸薹素的含量比较低,一个方面是因为它不溶于水,第二个方面就是太贵了。

有的时候,我看到市场上出现了芸薹素含量 >10% 的产品,而且价格超级便宜,200 克只有 10 元钱左右,我真想给这个卖药的说:"你这个也太便宜了,要是我,怎么也要卖几万元。"当然,这是在成分绝对真实的条件下来说的。

大家在这里回忆一下,刚才我们说的芸薹素的功能是什么? 芸薹素最主要的功能是促进细胞分裂。所以很多的时候我们把这个东西叫做分裂素。一个变成两个,两个变成四个,加速分裂,然后提前成熟。当然,这个是我给农民朋友的解释,比较简单易懂。

芸薹素说完了，我们简单地说说复硝酚钠，相对芸薹素来说，它的作用在植物后期比较弱，但是，在作物生长前期，效果是相当的明显，复硝酚钠的作用是能够迅速进入作物体内，促进细胞的原生质流动，我们简单来比喻就好像人喝了咖啡，特别的有精神。

它能够打破种子休眠，很多的时候，种子在睡觉，不发芽，不生根，但是复硝苯酚钠能够迅速唤醒种子，能够迅速促进种子发芽，生根。

用复硝酚钠拌种太有利了，一般情况下，很多棉农拌的叶面肥中，就含有复硝酚钠的成分，作用几乎显而易见，出苗快，苗期超级壮，太不容易了。很多时候，一做对比，没有拌种的与拌种之后差别很大。复硝苯酚钠在棉花生长后期喷施也有很好的效果。一般情况下，市面的复硝酚钠都是2%含量。

百科小知识

复硝酚钠是一种强力细胞赋活剂，与植物接触后能迅速渗透到植物体内，促进细胞的原生质流动，提高细胞活力，能加快生长速度；打破休眠，促进生长发育；防止落花落果，改善产品品质，提高产量；提高作物的抗病、抗虫、抗旱、抗涝、抗寒、抗盐碱、抗倒伏等抗逆能力。它广泛适用于粮食作物、经济作物。可在植物播种到收获期间的任何时期使用，可用于种子浸渍、苗床灌注、叶面喷洒和花蕾撒布等。由于它具有高效、低毒、无残留、适用范围广、无副作用、使用浓度范围宽等优点，已在世界上多个国家和地区被推广应用。复硝酚钠还应用于畜牧业、渔业上，在提高肉、蛋、毛、皮产量和质量的同时，还能增强动物的免疫能力，预防多种疾病。

接下来我们要重点介绍经常使用的激素类调节剂——苯肽胺酸(图18)。

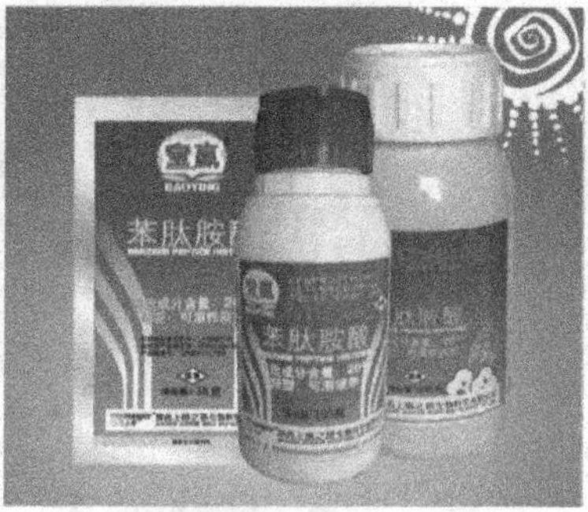

图18　市面上常见的苯肽胺酸示意图

作为内源激素来说，本来这个东西是植物自身合成的，有了这个东西，植物就会将营养生长和生殖生长协调发展，能够促进花粉的成熟度(这就好比是让人类的精子超级有活力)，能够增产。

百科小知识

苯肽胺酸为一种具有室温活性的植物生长调节剂，通过叶面喷施，能迅速渗入到植物体内，促进营养物质输送到花蕾的生长点；增强植物细胞的活力，促进叶绿素的合成，利于授粉、受精，具有诱发花蕾成花结果作用；防止生理及采前落果，自然成熟期可提前5～7天；有明显的保花、保果作用，对坐果率低的作物可提高其产量。苯肽胺酸属中等蓄积性农药(作用效果可以累加)。

乙烯利我们几乎就不用介绍了，这种调节剂就是能够促进植物的成熟，然后将叶片脱掉，但是不完全，现在机采棉的时候，我们就不仅仅使用乙烯利，因为这种调节剂不能使叶片脱完。所以棉花还需要另外的一种脱叶的东西——噻苯隆(图19)。

图19　市面上常见的噻苯隆示意图

噻苯隆本来是非常好的细胞分裂素，但是用太多了之后，就成为落叶素了。

这就像食盐，如果一次吃上一点，那是非常好的，但是如果一个人一次吃上400克的咸盐，那么肯定是必死无疑。噻苯隆就是这样，在很微小的量的时候，是非常优秀的细胞分裂素，效果几乎可以和芸薹素相当，可以促进植物的芽分化，但是不小心用多了，就会变成了落叶素。噻苯隆在棉花种植上可作落叶剂使用，被植株吸收后，可促进叶柄与茎之间的分离组织自然形成而使叶片脱落，是很好的脱叶剂，市面上常见的是50%的噻苯隆。这个东西告诉我们,好的东西,千万不能够过量。

我们对调节剂介绍篇幅比较多,主要原因是这些东西用一点点就可以得到很好的效果,我们常说的化腐朽为神奇指的就是这种事情,我们追求高产,这些调节剂投入不大,但是很多时候,能够迅速地提升产量。

(五)增效剂——不是农药范畴的农业常用药

说起来,挺惭愧,国产的农药在很多的时候效果比不上国外的农药效果,最主要一点就是农药中的助剂不同,因为助剂比较贵,所以很多的厂家将原先应当加入的助剂,比如乳油中二甲苯换成了甲醛或者混苯没有加入,虽然,检测出的含量区别不大,但是效果确实大打折扣。所以才会有增效剂的出现,图 20 是市面常见的增效剂。

增效剂本身无生物活性(请注意这点,也就是说,如果光喷施增效剂,是没有任何效果的,它只能是依托于其他的药剂存在,就好像酵母一样,没有面团光是酵母是没有任何的作用的,但是加上面团就可以非常地有效果),但与某种农药混用时,是能大幅度提高农药的毒力和药效。如:增效敏、八氯二丙醚、增效磷(SVl)、增效酯、增效胺等。正确使用增效剂可以降低农药的用量,缓解有害生物的抗药性,并可减轻农药对环境的毒性压力。

尤其是很多的时候,加了增效剂能够使农药有翻倍的效果,能够将农药喷出的雾化水珠,变成液膜,效果非常好。

增效剂没有农药登记许可证,仅仅是一种化工产品,有执行标准就可以了。

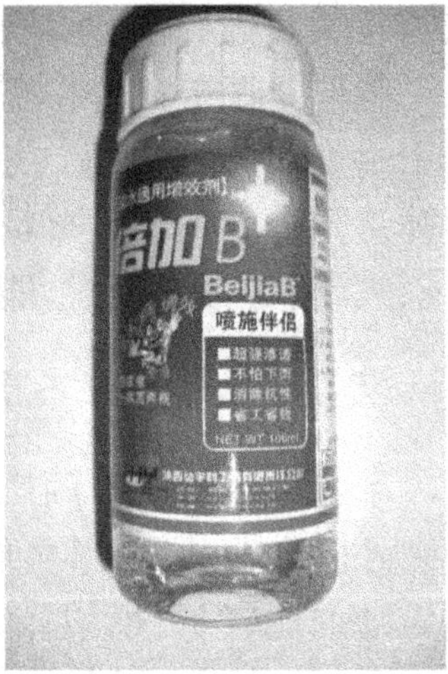

图 20　市面上常见的增效剂示意图

农药的家族特别的多，我们这里仅仅是介绍了冰山一角，其他的我们就不介绍了，因为其他的很多东西，棉花几乎用的很少，很多人几乎这一辈子都不打几次交道的。它们就像我们在上海或者北京地铁上见到的人一样，也就是这一辈子可能就是见一面，而且一点印象都没有的。所以我们就不做详细地介绍了，有兴趣的人，可以去参考一下其他的专业书籍。

棉花常用的农药都已经基本介绍完毕，我们现在懂得了许多基本的知识，然后要做的就是怎样让棉花高产了。

第四章　田间管理

一、准备工作

棉农在日常生产和田间管理中要养成好的习惯。可以试着自己制作一个表格,这个表格包括上了什么肥料,用量多大,什么时候干了什么,什么时候打了什么农药,等等。

为什么要这么做呢,这个就像在医生那里看病,给你一份病例,上面写上你的相关信息,出现问题,马上就知道了,这个表格的作用也是这样。当然,不会列表格的呢,也不着急,就是把所有的东西记录下来到一个小本子上面就行了,每天干了什么,记录下来就可以了。

二、高产种植

首先确定一点,棉花根据生育期,要适时播种,一般情况下,在能够提前播种的情况下,尽量早种。早种的棉花比晚种的棉花产量高,这是个不争的事实。但是有个前提:温度,前面我们说,最低温度 10 ~ 12℃,如果达不到这个温度,那么种下去,容易造成棉籽的霉烂。

（一）播种

出苗期相当于婴儿阶段，一般情况下为 7～12 天。

播种只要温度够，就可以。棉籽在播种前需要拌种，在新疆，一般情况下有以下三种包衣剂：敌克松、卫福、福多甲（锦华）。三种包衣剂各有特点，但是笔者建议使用锦华，根据这几年的实地经验来看，锦华在一播全苗方面，是比较出色的，而且苗壮。

拌种还有其他注意事项，有很多的技术资料提倡拌种用缩节胺，用这个药剂拌种的主要目的是培养壮苗，但是，由于拌了缩节胺的棉花会有晚出一到两天的现象，所以，在拌缩节胺的时候，一定要看天气，天气不好的时候，比如多雨的天气，不建议使用该药剂，防止烂种（天气预报资料可以到当地农技推广部门调，每年 4 月份，当地气象部门都会发布一个月的农时天气预报给农技部门。另外，如果是机采棉，建议也不用拌缩节胺）。

拌种的时候，提倡拌肥料，但是浓度不能太大，种子发芽的时候，将体内的养分消耗完毕，但是根部还没有开始吸收养分的时候拌种肥就起到作用了。

对于拌种拌肥料的解释：这点好比婴儿刚出生，在肠胃功能很弱，还不完全能够吃饭的时候，妈妈的奶就显得很关键了，所以，拌种肥好比母乳，这点很多的棉农都忽略了，一般情况下，到田间地头一看，哪个拌种拌肥料了，哪个没有拌，差距是比较明显的。拌种的肥料一般情况下，如同婴儿所吃的，要求容易消化吸收，营养养分高，许多拌种的肥料都含有复硝酚钠的成分，这样就可以打破种子的休眠，这种肥料在市面上比较多，大家可以根据具体情况选择。

重点回顾

拌种时候，拌好种衣剂，最好拌些肥料。

（二）苗期

苗期相当于人小时候，也就是童年。

我们在管理的时候要求要做到一播全苗，苗期有个口诀：二叶平，四叶横，六叶亭，七八出侧枝、九叶旋一叶。当然，说明一点，这里的叶片说的是真叶（真叶就是子叶后，发出的叶片）。

苗期还要多中耕，中耕的目的是提高地温，破坏土壤的孔径，增加棉苗的根部长势（这点很多棉农不懂，是这样的，露天土壤的温度是下降的，因为土壤的水分从底下往上面蒸发，同时带走热量，就好比我们毛孔出汗后，被风一吹，就特别的冷是一个道理。所以，我们要做的就是破坏土壤的孔径，这样就可以达到非常好的效果了）。

1. 二叶平

二叶平，指的是第一片真叶和第二片真叶出苗平展，大体的高度一致，表现为两片叶子大小差不多。

2. 四叶横

四叶横，指的是在第三片、第四片真叶发育完全，而第五片叶片未出的时候，幼苗直径长度大于高度。简单点说，就是三、四片叶子的横宽大于高度。

3. 六叶亭

六叶亭其实指的是一个管理概念，就是在地里面远远望去，六片叶子的形状远远看去像个亭子。

4. 七八出侧枝，九叶旋一叶

在新疆，大部分都种植的是陆地棉，所以按照陆地棉的标准来说，叶序是 3/8，也就是 8 片叶子刚好绕幼苗 3 周，第九片叶子和第一片叶子重叠。

根据棉花的这个生理特征，我们一般在管理的时候可以根据它来判断我们的管理是否得当，比如，第九片过了第一片，一般我们判定为旺了，如果不到，就判定为弱了。当然，要根据苗情、苗势，不能够教条。

大体上从出苗到现蕾就是这些管理要点，一般这个时期有 25～35 天，如果 4 月 10 日种下（干播湿出以滴出苗水为种植时间），那么苗期结束就到了 5 月 15 日到 5 月 25 日了，现初蕾大概是在 5 月 15 日，以此类推。

管理要点虽然简单，但是苗期的管理决定了后期的产量，在北疆种植时候，大体实行的是“高矮密”栽培模式，所以第一个果枝的高度和后期棉花单株的空间布局有很大的关系。

按照现有的管理经验，一般情况下，在出苗的时候，根据情况，要喷施缩节胺，缩节胺的量一般为 1 克，当然具体的克数可大可小，根据品种、水肥等来决定，具体的量，要咨询当地的技术人员。适当听听技术员的建议，这也是很重要的。

在苗期重要的是肥料的问题,“苗施蕾用”是很关键的,一般情况下,出苗水后,头一个水不滴肥料,第二个水就可以滴入肥料了,根据底肥的情况,我们可选择具体的滴入肥料配比,这点可以和相关技术人员做沟通。

苗期阶段的立枯病也比较多,这个病害,大家一定要非常重视,绝大多数处理方法就是去中耕,在不注意的时候,就出现了棉株大面积死亡的现象。这个当然在种植水平比较高、水肥管理得当的地方少见。

还应重点注意蚜虫、蓟马,大量的蚜虫容易造成弱苗、死苗等现象。少部分的地方有椿象、三叶草夜蛾等危害。要具体根据虫情来决定喷施的药剂。

百科小知识

棉花最先开始出现的是子叶,子叶一般情况下,不像真叶一样有裂片,我们将这种叶片叫做不完全叶。子叶有两片,是对面长的(对生),一般情况下,子叶有50天左右的寿命,当然,遇到干旱等恶劣天气情况,容易脱落。小的子叶只有大的子叶的80%左右。

子叶作为过渡的叶片,所吸收营养尤其重要,是相当于婴儿阶段到儿童阶段的过渡,也就是说,相当于人类断奶到开始吃饭的过渡。这个时间的营养供给,可以影响到后期的很多方面,比如纤维强度等。培养壮苗,首先就是保护好子叶。

重点回顾

1. 苗期秘籍:二叶平,四叶横,六叶亭,七八出侧枝、九叶旋一叶;

2. 注意缩节胺的施用;

3. 注意肥料的滴入,做到“苗施蕾用”;

4. 防治立枯病、蚜虫、蓟马、椿象、三叶草夜蛾的危害;

5. 勤中耕。

(三)蕾期管理

蕾期相当于人的少年阶段,是长个子的阶段,同时按照教育专家的话,这个阶段是属于性发育阶段,同样的道理,对于棉花也是一样的。这个阶段是棉花最重要的阶段,能够决定棉花的产量,大体上时间有 30 天左右。如果 4 月 10 日种植,大体上到 5 月 15 日左右,也就是打顶的前期。

说到现蕾,我们要现说明一下蕾的特点:

1. 温度

棉花现蕾期对温度特别敏感(陆地棉对光周期不敏感),现蕾期的温度要超过 20℃,温度越高现蕾加快,当然,所有的东西都不能够太绝对。要是夜晚温度超过 30℃,也容易造成幼铃的脱落。

2. 生理性状

一般现蕾出现的为 6 ~7 片真叶的叶腋,当然也和品种有关系，一般情况下，出现个3毫米的蕾后一到两个星期，是生长速度最快的时候。

3. 规律

现蕾由下向上，由内向外，顺时针生长。一般情况下，2～3天生长一个果枝。一个果枝上，一个星期左右生长出第二个蕾（这个时间点是根据二式三式果枝来说的，零式或者一式果枝的棉花就不会这样）。

根据蕾期的特点，我们需要了解：

①蕾期的棉花长势如同少年长个子，需要的营养较多，这个时候，水肥一定要跟上。这个时候叶面肥（或者滴灌肥）就起到了关键作用。

②根据现蕾的规律，我们可以适当地喷施一些诱导性农药，比如苯肽胺酸配合缩节胺喷雾，调节营养生长和生殖生长。

③缩节胺喷施的量为株高除以10，比如20公分，喷施2克，30公分，喷施3克，品种不同，有所改变，以此类推。根据这几年的经验，缩节胺在灌水前三天进行喷施，比较好，很多的棉农经常是这边浇水，这边喷施，或者说，看到长势太旺了，再进行喷施，结果效果不是很理想。常常说缩节胺控不住，实际上是管理上的失误。

在这里我们要对缩节胺进行重新介绍，首先缩节胺要视长势来进行喷施，棉花打顶后，一般化控1～2次。第一次在打顶后3～5天，每667平方米保苗在1.2万株左右的田块，用缩节胺4～5克，兑水30千克；保苗在1.6万株以上田块用缩节胺6～7克，兑水40千克。第二次化控要视棉株的个体发育及群体大小，并根据天气、土壤湿度、棉株长势长相进行适度的重控，一般667平方米施缩节胺8克左右。通过缩节胺的作用，最终达到对无效花蕾和空果枝生长尖的有效控制，实现营养生长向生殖生长转化，塑造均衡增产的长势长相，确保棉株顶部成铃数量和单铃重的增加，为高产创造条件。当然，这个首先要因地制宜，因品种制宜；其次要喷法得当。

喷施缩节胺正确方法是：先把缩节胺溶解在称量过水的盆或塑料桶容器中，充分搅拌，并按每100克缩节胺水溶液含缩节胺的量的标准加入喷雾器内。喷施缩节胺应掌握匀而不满、喷高不喷低、喷旺不喷衰的原则，并在下午5点后进行最好。因为在高温、强光下喷施会降低效果，喷后6小时内遇雨会影响吸收效果，雨量大且持续时间长则无效，需重喷。

蕾期要因地制宜灌水、看长相补肥。

（四）花铃期管理

花铃期相当于人的青年阶段。大家注意，这个时间的管理是关键的关键，按照植物生理规律，将近7成的物质是在这个时候形成的。这个时间是棉株对氮肥、磷肥、钾肥的最大需求期。如果4月10日种植，大体上6月15～25日至8月25日左右是属于花铃期的管理时间。

这个时间最主要的工作就是打顶，7月5日前把顶打掉是关键，为什么是这个时间，大家可以计算一下，按照棉铃的形成规律，打完顶，营养生长开始转换为生殖生长

（就是大家说的由长个子变成长桃子的时期）。开始花芽分化，果枝上果节分化4天左右，然后到开花25天左右，形成棉铃就到了8月5日了，如果想要主攻伏桃，那么最迟不能晚于7月10日打顶。这个是棉花生长的规律，很多棉农看到桃子少，想推迟打顶，但是推迟的结果是果枝上的果节没有分化出来，再从顶上分枝出来再经过分化，就成为秋桃了，赶不上伏桃的产量，我们主要要的是伏桃的产量。

水肥管理在这个时间就是关键，而磷钾肥的主攻就成为了关键中的关键，每个棉桃的重量是靠肥料来提供的，那么这个时间的肥料施用就不要太省了。很多的棉农这个时候就喜欢省钱，有时候，我们在推广的时候也很是无奈，这个问题就好比投资，又不想投资又想高产是典型的农民思维，是不能够做大事的。

我们主要的工作也是一个要求："保住伏前桃，主攻伏桃，增加秋桃"，在果枝上，第二个果枝以上，第三节果节以内（果节指的是同一个果枝的能够产生棉铃的节点），都属于我们重点关注的目标，这个范围是棉铃产量形成的主要空间。所以很多时候，我们管理好第二个果枝以上第三节果节以内，就可以完全达到提早成熟的作用。

先说概念性的事情，伏前桃指的是7月15日前，也就是打顶左右前形成的铃，这个量少，但是这种棉桃重量大，增产效果明显。大体9月5前能够成熟的桃子就是属于这个类型的。伏桃指的是7月15日到8月15日左右形成的铃。大体9月5日到10月5日(下霜前)成熟的桃子属于这个类型。秋桃指的是8月15日后能够正常吐絮的铃。大体10月5日之后成熟的桃子属于这个类型。

这些日期大家一定要记好,因为这些日期是我们很多前辈们在积累经验的基础上,天天计算得出来的,适合于新疆北疆地区的地方时间。

棉花在不同时期开花所结的铃称为棉铃的时间分布。棉铃按其开花结铃时间的早晚,分为伏前桃、伏桃和秋桃,即生产上所谓的“三桃”。伏前桃指7月15日以前所结的成铃;伏桃指7月16日至8月15日间所结的成铃(新疆棉区指7月16日至8月10日所结成铃);秋桃指8月16日以后所结的有效成铃。有的把秋桃又分为早秋桃(8月16日至8月31日所结成铃)和晚秋桃(9月1日以后所结有效成铃),这样则称为“四桃”。

伏前桃为早期铃,它的多少可作为棉株早发稳长的标志,但由于它着生在棉株下部,光照条件差,故品质较差,烂铃率较高。从高产优质角度出发,其比例不宜过大,以占总铃数的10%左右为宜。在黄河流域棉区,两熟直播棉田一般很少有伏前桃。夏播棉则无伏前桃。伏前桃过多不仅烂铃会增加,而且对生长早期营养抑制过量,甚至会导致棉株早衰,不仅不利于结铃,更不利于在最佳结铃期内多结优质铃。

伏桃是构成产量的主体桃,由于其所处的外界温、光、水条件适宜,体内有机养料多,故表现为单铃重,品质好。高产棉田伏桃一般要占总铃数的60%左右，产量占总产量的60%～70%。所以，多结伏桃是优化成铃结构，夺取高产优质的关键。

早秋桃由于所处的环境条件气温较高，昼夜温差大，光照充足，所以只要肥水跟上，早秋桃的成铃率高，铃重较大，品质也较好。从优化成铃和高产优质的角度出发，它仅次于伏桃，也是构成棉花优质高产的重要组成部分。一般高产棉田，早秋桃应占20%左右。两熟棉田和夏棉，早秋桃更是形成产量的主体桃。

晚秋桃着生在棉株上部和果枝的外围果节上，是在气温逐渐下降，棉株长势逐渐衰退的条件下形成的棉铃。所以铃重轻，品质差。但晚秋桃的多少可反映棉株生育后期的长势。若晚秋桃过多，表明棉株贪青晚熟；比例过低，则表示棉株衰退过早，伏桃和早秋桃的铃重和品质也会受到影响。一般晚秋桃以10%左右为宜。

还有些棉农直接问："什么是伏？"这个伏和我们说的三伏天的伏是一个，指的是7月中旬到8月中旬，就开始热了后，很多动物都开始蛰伏了，所以叫入伏。

百科小知识

花铃期是棉铃增大的主要时期，大体上为20～30天，棉铃大小就固定了，然后就是棉铃充实期，这个阶段有25～30天，在这个阶段，我们主要的工作就是做好水肥的管理。

我们将蕾期和铃期总称为花铃期。这个时间是决定棉花产量的绝对时期，我们要重点的重复一下，这个事情很重要。

下面，我们再重点说一下这两个时间的管理要注意的事情，这个关系到我们重要的收入问题，所以一定要放在心上。

棉花蕾铃期管理技术特点——主要防治落铃落桃，所以，我们专门进行讲解。

1. 蕾铃脱落的一般规律

（1）蕾铃脱落的比例：在蕾铃脱落时，落蕾与落铃的比例，总的趋势是落铃率高于落蕾率，其比例约为3∶2。

（2）蕾铃脱落的日龄：现蕾以后11～20天的蕾铃脱落最多，20天以上的大蕾脱落的较少。棉铃开花后3～8天的幼铃最容易脱落，以3～5天的为最多，10天以上的幼铃很少脱落。

（3）蕾铃脱落的部位：一般下部果枝的蕾铃脱落少，上部果枝的蕾铃脱落较多；靠近主茎的蕾铃脱落少，离主茎远的蕾铃脱落多。但如果棉株密度过大，肥水过多，棉株徒长时，蕾铃脱落部位与上述相反。

（4）蕾铃脱落的时期：蕾铃脱落的时期，蕾铃在棉花初花期以前很少脱落，以后逐渐增多，到开花结铃盛期达到高峰，以后又逐渐减少。据研究，7月下旬到8月上旬开花结铃盛期的脱落数约占总脱落数的56%左右。

（5）不同棉种和品种间蕾铃脱落的差异：据统计，陆地棉脱落率最高，中棉次之，海岛棉最低。陆地棉品种间，蕾铃脱落率差异较大，相差高达35%左右。

2. 蕾铃脱落的原因

(1)生理脱落。生理脱落是蕾铃脱落的主要原因,约占总脱落率的70%左右。造成生理脱落的因素很多,主要有以下几点。

①有机养料不足或分配不当。当外界环境条件不适合时,棉株生长瘦弱或徒长,引起棉株体内有机养料不足或分配不当,使蕾铃得不到充足的有机养料而脱落。在外界环境条件中,对生理脱落影响最大的是肥、水、光、温等因素。

②没有受精。未受精的幼铃,由于生长代谢强度弱,吸收养分能力差,必然导致脱落。影响受精的原因很多,开花时遇到降雨、高温、干旱等不良环境条件,都会破坏花粉和授粉受精过程(这个时候施用硼肥会好点)。

③植物激素平衡失调。棉株体内含有生长素、赤霉素、细胞分裂素、脱落酸和乙烯五大类内源激素。这些激素类物质含量发生改变后,会使激素之间失去平衡,引起蕾铃脱落(这个时候可以喷施苯肽胺酸)。

(2)病虫害。病虫害可直接或间接地引起蕾铃脱落。虫害主要有盲蝽象、棉铃虫、棉蚜等;病害主要有枯、黄萎病和红叶茎枯病(8月初常会有,特别关键),等等。

(3)机械损伤。棉花生长期中,田间操作管理不慎,或者遭到冰雹、暴风雨等的袭击,都会损伤枝叶或蕾铃,引起蕾铃脱落。

3. 棉花烂铃、蕾铃脱落防治措施

(1)合理施肥。增施有机肥和磷钾肥,适量施用氮肥,防止棉株旺长,减轻棉田郁蔽,改善通风透光状况。

（2）及时排水。对于地势低洼、排水不畅、积水较重的棉田，应加深排水沟，以便加快排水速度，改善棉花生长发育环境条件。

（3）适度化控。水肥条件较好的棉田，棉株容易旺长，应于棉花生长的前中期，合理喷施缩节胺，调节棉花生长，防止棉株徒长，减轻铃病为害。

（4）调节结铃。地膜棉或早发棉花的伏前桃过多，通过采取有效措施，调节棉花结铃期和结铃部位，可减少烂铃。早发棉花提倡摘除下部1～4果枝上的早蕾，或及早去掉第一、二果枝。

（5）合理整枝。对于行距过窄、封行较早的棉田，为减轻棉田过分郁蔽，改善中下部光照条件和通风状况，应尽早打去边心，这样可减少蕾铃脱落和烂铃。

（6）中耕松土。行间中耕松土，可破除地面板结，降低棉田湿度，对减轻棉花烂铃有很大益处。

4. 花铃期管理要点

棉花的花铃期，是棉花管理的关键时期，也是决定棉花产量、质量的关键时期。然而，此段时间内气候变化大、灾害频发，如旱涝、冰雹等较常出现，常常给棉花生产造成危害。生产实践证明，要实现棉花优质高产，这一时期加强管理是关键。

棉花结铃盛期，是棉花一生中转化、贮存能量效率最高的时期。实现棉花多结桃、结大桃是棉花结铃期田间培管措施的主攻目标。其主要的管理要点如下：

（1）重施花铃肥。具体应看天、看地、看苗来定施肥时间，棉花长势老健、地力较差、干旱时要早施，棉花长势旺、地力好、雨水较多时适当迟施。

（2）化学调控。一是在棉花开花结铃期用缩节胺化控，植株矮壮，蕾铃脱落少，结铃率提高。二是棉花打顶后7～10天喷施缩节胺封顶，能防止上部果枝过长和赘芽的发生，提高棉花上部结铃率。

很多农户问为什么要在打顶后7～10天喷施缩节胺，因为传统的Ⅱ式果枝的棉花在打完顶后，顶枝发展到3～4厘米的时候，原则上来说，应有4～5个顶桃了，我们在这个时候喷施比在刚打完顶控制能够增加一点秋桃。但是也不能够太晚了，太晚了的话，就会出现另外一种情况：秋桃太多，将伏桃的营养吃掉了，然后，桃子不少，但是产量很低。

（3）补施盖顶肥。对有早衰趋势的棉花或花铃肥用量不足的田块，应及时补施盖顶肥，施肥时间应掌握在8月10日以前。

重点回顾

1. 这个时间的主要工作就是打顶。按照“时到不等枝，枝到不等时”的原则。

2. 加强水肥管理。如果没有过硬的水肥管理，那么容易落铃。

（五）吐絮期管理

吐絮期不要太早就可以了。当然，在机采的时候，要注意喷施噻苯隆的日期。

其实,这个时期非常简单,前面很多的工作都已经做好了,我们现在要做的就是喷施脱叶剂。如果前面的工作都已经做好了,这个时候,只要不出现大规模的阴雨天气,就已经丰收在望了。

好了,这个时候,我们开始进行总结。

(六)水肥生防一体化棉花高产技术

我们一年所做的所有工作都集中在下面这个表上,这个就当是秘籍。

棉花水肥生防一体化高产表

时间	主题	活动内容	备注
1月1日~2月12日	预先观察了解哪个品种适合,哪个品种比较好	由于品种的差异性,所以建议大家观察自己土地周边的情况	千万不能盲目相信品种宣传,不要去相信很多无谓的承诺,一定要眼观为实,一年生计都在于您的选择
2月20日	将品种的发芽率做出来	(简易的方法)在暖瓶里面到2杯开水加上1杯凉水,去掉暖瓶的塞子,用湿毛巾包上200粒种子塞在暖瓶口,三天后观察出芽率	品种的出芽率很关键,所以一定要重视

续表

时间	主题	活动内容	备注
3月10日	拉肥料，选种子	女人:选种 男人:把肥料拉回来	肥料这个时候真假一定要认真辨别，让经销商出检测报告。这个是农资经销商的义务
3月份	春翻、春耙等田间管理工作	到田间将杂草根捡取。翻地的时候，要根据自己的田间实际情况，决定翻多深	在翻地前一定要把肥料翻到地里面，要清楚一件事情，自己的肥料是否合理，是否能够达到理论产量，这个一定要注意
	除草剂的喷施种子进行包衣	①施田补开始喷施了，氟乐灵开始喷施了，能否混合，大家要自己试验，因为现在很多的厂家化工助剂选择不同，要非常注意 ②建议大家不要购买包衣的种子，而是自己进行包衣，这样可以在包衣前进行晒种，种子晒后，发芽能够快一点 ③特别强调的是除草剂一定要进行二次稀释，一定要在桶里面化好后，再弄到大罐里面进行搅匀。否则，就会出现很多的情况，效果不好	①除草剂一定要根据具体的地方，根据技术员的具体推荐，否则特别容易出问题，不是喷多了不出苗，就是喷少了，草多 ②种子包衣建议使用机械包衣，包衣剂建议选择美国出的卫福和国产的锦华，这两个在效果上比较好

续表

时间	主题	活动内容	备注
4 月份	播种、滴出苗水要注意三个事情:跟车观察滴灌带是否扎破,薄膜是否扎破,种子是否顺利种下	出苗水除了荒地要滴入一些物品外,其他地建议不滴入其他的东西	
	计算出苗率,抠苗、定苗工作	出苗率达到 70%,只要没有断垄,就没有什么关系,如果没有达到 70%,要看什么原因,看是否需要补种	这个时间要天天在地里面进行观察,要天天看天气预报,出现极端天气时,一定要迅速采取补救措施
5 月上旬	苗期管理	这个时期是很关键的,我们要注意几点,就是苗期中耕、苗期的叶面肥情况,苗壮是高产的一个基础	①其实很简单了,看到不壮了,喷施点芸薹素加上纳米丰田就好了;长得太快了,高脚了,喷施点缩节胺就可以了。 ②二叶平,四叶横,六叶亭,七八出侧枝、九叶旋一叶

续表

时间	主题	活动内容	备注
5月中下旬	杂草管理	这个时候的杂草都比苗壮,有时候,跑到地里面,看到的是草原。这就说明前期的工作没有做好	对于田旋花,也就是杂草,我们一般建议都是使用草甘膦+氯氟吡氧乙酸进行控制
5月中下旬	苗期虫害的管理	这个时候的主要虫害就是蚜虫、三叶草夜蛾、蓟马,这三种虫子出来后,我们就是一招解决问题	用硫丹+灭多威进行一次性处理
6月上旬	开始进入蕾期管理	①因为大部分的农户要开始滴头水了(荒地例外,荒地的水就不能够缺),所以开始滴入肥料,我们建议使用一点尿素和滴灌的其他肥料,针对缺锌的地段,要求滴入一部分锌肥 ②这个时候,我们最主要的另外一项工作就是进行化控。一般情况下,按照株高的1/10来进行计算	要注意一个事情,就是滴入多少肥料一定要进行规划,什么水,滴入什么肥料,一定要有个计划。在后面,我们会将一些棉花的特性用附件的形式表现出来,大家有兴趣的可以参考

续表

时间	主题	活动内容	备注
6月上中旬	蕾期管理	这个阶段大量的蚜虫开始出现，同时开始有红蜘蛛。棉花上更为重要的是属于大量吸收肥料的时间，肥料一定要足够	①在调节营养生长和生殖生长的时候，使用苯肽胺酸+纳米丰田的方案进行解决。 ②蚜虫如果比较重，建议使用硫丹+啶虫脒或者吡虫啉的方式进行解决。 ③红蜘蛛如果发生，建议第一次使用哒螨灵+联苯菊酯的方式进行解决
6月中旬	枯黄萎病防治	这个时间枯黄萎病开始发生发展，建议开始滴入生物菌预防	①病害和虫害不同，要求防大于治疗。如果等病害出来了，正所谓“病来如山倒，病去如抽丝”，要把丝抽完，肯定是比较难的事情了。 ②分两次滴入，隔15天左右一次

续表

时间	主题	活动内容	备注
6月下旬~7月份	花铃期管理	打顶的日子大体上定在7月5日前后花铃期重要攻关磷钾肥。注意硼肥的使用多观察,这个时候的蚜虫和红蜘蛛开始泛滥了,棉铃虫也是这个时候出现	①打顶完,7天左右,我们喷施缩节胺。(根据具体的时间调整) ②多滴入磷钾肥 ③滴入一些硼肥 ④喷施苯肽胺酸+纳米丰田 ⑤蚜虫喷施硫丹+啶虫脒(或者吡虫啉) ⑥红蜘蛛建议使用炔螨特+联苯菊酯
7月底	保蕾保铃	这个时间,保护蕾铃是关键的	建议喷施芸薹素(增加棉桃的重量)+黄金蕾铃乐(保护棉花)
8月上旬	红叶茎枯病和枯黄萎病的防治	红叶茎枯病和枯黄萎病的田间表现极其类似,区别在于红叶茎枯病叶缘焦枯,就是叶子的边上焦枯。中间的不绿的地方,交接点比较明显,茎秆中间,颜色正常。	红叶茎枯病,在暴雨前后使用磷酸二氢钾,枯黄萎病建议在上旬滴入第三次生物菌。
9月上旬	开始准备采收	准备进行脱叶剂的喷施工作	
采收完后	没什么事情的话,旅游一下,放松下心情,明年再奋斗了,当然,不要老打麻将什么的,多学习一下,也是好的。		

如果按照一般规律,根据这些方法大体上我们就解决了所有的问题了,如果不出意外,在肥料和天气都比较好的情况下,那么恭喜你,北疆地区大体上450公斤单产,不存在什么大的问题了。实在是简单,但是有个最主要的问题,就是人的问题,我们好比给了你一本菜谱,也给你说了,这个用量多少那个用量多少,但是具体能不能够做好菜,就要看你的水平了。

第五章 附 录

我们把这一章单独列出来，当做重点说，最主要的目的是让大家一定要买到真的农资产品。大家想一想，我们前期做了那么多的工作，一个假货，不管是肥料农药，还是种子，都可以让我们一次性损失几十到几百公斤棉花，换算成钱来说，几乎一亩地的损失都是成百上千的，如果大家有几十亩地，损失就要达到万元以上。

对此，有很多的棉农表示不理解，不是有工商管理部门、技术监督局、公安经检大队、农业执法部门、种子执法部门等好几个部门管理吗？

其实，农资和食品对比来说，食品是关系到人的生命的东西，在我们国家食品都有人造假，而且当时都没发现，都是发生大的危害后才发现，农资就不用说了。

在我们做技术服务的时候，我们遇到很多很多的棉农买到明显是假的农资产品的时候，因为我们不是执法部门，只能看着心痛。农资不像婴儿，使用了假产品后会立刻表现出来很多的问题，所以农民很容易忽略，但是这是关系到产量的。

假货实在太多了，我们在这里一一用国家的法定文件来解释市场上的假货,我们最起码在做出了极大的努力来防止大家买到假货,所以一定要提高自身的鉴别能力,这是我们现在无可奈何的选择。但是管理部门的电话一定要记住:工商局 12315,技术监督局 12365,公安经检 110,农业执法 12316。

农业微生物肥料的检查网站是:

http://sfi. caas. ac. cn/biotestlab/index. htm

农药登记证号检查网站是:

http://202. 127. 42. 135/A1. ASPX

工业生产许可证查询网站是:

http://www. qszt. net/

肥料检查网站是:

http://www. fernet. cn/SoisWeb/home/index. html

这几个网站很重要,几乎涵盖了我们常用的所有农资产品,要记住的一点就是如果您买了一个东西,在这些网站没有查到,或者说是过期了,这个时候,一定要记住,有可能您买到假货了。

记住要为自己维权,一定要索要相关的票据和留好相关的产品资料。我们曾经发现棉农买到造成烂种的种衣剂的时候,手中什么证据都没有,没有票据,没有相关的产品资料。这时要想去维权就会有问题,别人会直接说,你没有在我这里购买呀,一句话,就将你的维权路子给封锁了。

在这里,我们重点对下面的文件进行解读,在我们生产中发现的问题,我们在文件中进行括号解释,所以,这一章,虽然比以前有点乏味,但是却是很重要的。最起码,会知道买的货物是真是假。还有,农资行业经销商有义务为大家提供检测报告,一定要看这个检测报告,因为很多的时候,经销商不会主动给你提供。

一、农药产品有效成分含量管理规定

这份规定是由农业部、国家发展和改革委员会联合发布的。

农药产品有效成分含量管理规定
第946号公告

为进一步规范农药市场秩序,保护环境和维护农药消费者权益,促进农药行业发展,现就农药产品有效成分含量的管理作如下规定:

一、农药产品有效成分含量(混配制剂总含量)的设定应当符合提高产品质量、保护环境、降低使用成本、方便使用的原则。

二、农药产品有效成分含量设定应当为整数,常量喷施的农药产品的稀释倍数应当在500~5000倍范围内。

三、国家标准或行业标准已对有效成分含量范围作出具体规定的,农药产品有效成分含量应当符合相应标准的要求。

四、尚未制定国家标准和行业标准,或现有国家标准或行业标准对有效成分含量范围未作出具体规定的,农药产品有效成分含量的设定应当符合以下要求：

（一）有效成分和剂型相同的农药产品（包括相同配比的混配制剂产品），其有效成分含量设定的梯度不得超过5个；

（二）乳油、微乳剂、可湿性粉剂产品，其有效成分含量不得低于已批准生产或登记产品（包括相同配比的混配制剂产品）的有效成分含量；

（三）有效成分含量≥10%（或100克/升）的农药产品（包括相同配比的混配制剂产品），其有效成分含量的变化间隔值不得小于5（%）或50（克/升）；

（四）有效成分含量＜10%（或100克/升）的农药产品（包括相同配比的混配制剂产品），其有效成分含量的变化间隔不得小于有效成分含量的50%。

五、含有渗透剂或增效剂的农药产品，其有效成分含量设定应当与不含渗透剂或增效剂的同类产品的有效成分含量设定要求相同。

六、不经过稀释而直接使用的农药产品，其有效成分含量的设定应当以保证产品安全、有效使用为原则。

七、特殊情况的农药产品有效成分含量设定，应当在申请生产许可和登记时提交情况说明、科学依据和有关文献等资料。

自2008年1月12日起，不再受理和批准不符合本规定的农药产品的田间试验、农药登记和生产许可（批准）。不符合本规定的农药产品，已批准田间试验的，相关企业应当于2009年1月1日前办理田间试验变更手续；已批准生产或登记的，自2009年1月1日起，在申请生产许可（批准）延续、登记续展或正式登记时应当符合本规定。

农业部
国家发展和改革委员会
二〇〇七年十二月十二日

二、农业部第944号公告

中华人民共和国农业部公告第944号

为解决农药市场“一药多名”问题，规范农药名称登记核准，维护农药消费者权益，根据《农药管理条例》和《农药管理条例实施办法》的有关规定，现就农药名称登记核准和管理作出以下规定：

一、自2008年1月8日起停止受理和审批农药商品名称，农药名称按照《农药标签和说明书管理办法》的规定执行。

二、2008年1月8日前批准使用商品名称的农药产品，或者已登记使用的农药名称与《农药管理条例实施办法》规定不一致的农药产品，相关企业应当携带农药登记证或农药临时登记证原件、原登记核准的农药标签和说明书原件、新设计的标签和说明书样张，到农业部农药检定所办理变更手续。

三、自2008年7月1日起，农药生产企业生产的农药产品一律不得使用商品名称。

二〇〇七年十二月八日

三、农业部令第008号

中华人民共和国农业部令第008号

《农药标签和说明书管理办法》业经2007年12月6日农业部第15次常务会议审议通过，现予发布，自2008年1月8日起施行。

部长：孙政才

二〇〇七年十二月八日

农药标签和说明书管理办法

第一章 总 则

第一条 为规范农药标签和说明书管理，完善农药登记制度，根据《农药管理条例》、《农药管理条例实施办法》制定本办法。

第二条 在中华人民共和国境内销售的农药产品，其标签和说明书应当符合本办法的规定。

第三条 本办法所称标签和说明书，是指农药包装物上或附于农药包装物的，以文字、图形、符号说明农药内容的一切说明物。

农药产品应当在包装物表面印制或贴有标签。产品包装尺寸过小、标签无法标注本办法规定内容的，应当附具相应的说明书。

第四条　农药标签和说明书由农业部在农药登记时审查核准。申请农药登记应当提交农药产品的标签样张。说明书与标签内容不一致的，应当同时提交说明书样张。申请者应当对标签和说明书内容的真实性、科学性、准确性负责。

农业部在作出准予农药登记决定的同时，公布该农药的标签和说明书内容。标签和说明书样张上标注核准日期，加盖“中华人民共和国农业部农药登记审批专用章”。

第五条　标签和说明书的内容应当真实、规范、准确，其文字、符号、图案应当易于辨认和阅读，不得擅自以粘贴、剪切、涂改等方式进行修改或者补充。

第六条　标签和说明书应当使用国家公布的规范化汉字，可以同时使用汉语拼音或其他文字。其他文字表述的含义应当与汉字一致。

第二章　标注内容

第七条　标签应当注明农药名称、有效成分及含量、剂型、农药登记证号或农药临时登记证号、农药生产许可证号或者农药生产批准文件号、产品标准号、企业名称及联系方式、生产日期、产品批号、有效期、重量、产品性能、用途、使用技术和使用方法、毒性及标识、注意事项、中毒急救措施、贮存和运输方法、农药类别、像形图及其他经农业部核准要求标注的内容。

产品附具说明书的，说明书应当标注前款规定的全部内容；标签至少应当标注农药名称、剂型、农药登记证号或农药临时登记证号、农药生产许可证号或者农药生产批准文件号、产品标准号、重量、生产日期、产品批号、有效期、企业名称及联系方式、毒性及标识，并注明“详见说明书”字样。

杀鼠剂产品标签还应当印有或贴有规定的杀鼠剂图案和防伪标识。

分装的农药产品，其标签应当与生产企业所使用的标签一致，并同时标注分装企业名称及联系方式、分装登记证号、分装农药的生产许可证号或者农药生产批准文件号、分装日期，有效期自生产日期起计算。

第八条　农药名称应当使用通用名称或简化通用名称，直接使用的卫生农药以功能描述词语和剂型作为产品名称。农药名称命名规范和名录另行规定。

对尚未列入名录的农药制剂，申请者应当按照农药名称命名规范向农业部提出农药名称的建议，经农业部核准后方可使用。

第九条　进口农药产品直接销售的，可以不标注农药生产许可证号或者农药生产批准文件号、产品标准号。

第十条　企业名称是指生产企业的名称，联系方式包括地址、邮政编码、联系电话等。

进口农药产品应当用中文注明原产国（或地区）名

称、生产者名称以及在我国办事机构或代理机构的名称、地址、邮政编码、联系电话等。

除本办法规定的机构名称外，标签不得标注其他任何机构的名称。

第十一条 生产日期应当按照年、月、日的顺序标注，年份用四位数字表示，月、日分别用两位数表示。

第十二条 有效期以产品质量保证期限、有效日期或失效日期表示。

第十三条 重量应当使用国家法定计量单位表示。液体农药产品也可以体积表示；特殊农药产品，可根据其特性以适当方式表示。

第十四条 产品性能主要包括产品的基本性质、主要功能、作用特点等，对农药产品性能的描述不得与农药登记核准的使用范围和防治对象不符。

第十五条 用途、使用技术和使用方法主要包括适用作物或使用范围、防治对象以及施用时期、剂量、次数和方法等。

用于大田作物时，使用剂量采用每公顷使用该产品的制剂量表示，并以括号注明亩用制剂量或稀释倍数。用于树木等作物时，使用剂量采用总有效成分量的浓度值表示，并以括号注明制剂稀释倍数；种子处理剂的使用剂量采用农药与种子质量比表示。特殊用途的农药，使用剂量的表述应与农药登记批准的内容一致。

第十六条 毒性分为剧毒、高毒、中等毒、低毒、微毒五个级别，分别用“剧毒”字样、“高毒”字样、“中等毒”字样、“微毒”字样标注。标识应当为黑色，描述文字应当为红色。

由剧毒、高毒农药原药加工的制剂产品，其毒性级别与原药的最高毒性级别不一致时，应当同时以括号标明其所使用的原药的最高毒性级别。

第十七条　注意事项应当标注以下内容：

（一）大田用农药

1. 产品使用需要明确安全间隔期的，应当标注使用安全间隔期及农作物每个生产周期的最多施用次数；

2. 对后茬作物生产有影响的，应当标注其影响以及后茬仅能种植的作物或后茬不能种植的作物、间隔时间；

3. 对农作物容易产生药害，或者对病虫容易产生抗性的，应当标明主要原因和预防方法；

4. 对有益生物和环境容易产生不利影响的，应当明确说明，并标注使用时的预防措施、施用器械的清洗要求、残剩药剂和废旧包装物的处理方法；

5. 已知与其他农药等物质不能混合使用的，应当标明；

6. 开启包装物时容易出现药剂撒漏或人身伤害的，应当标明正确的开启方法；

7. 施用时应当采取的安全防护措施；

8. 该农药国家规定的禁止使用的作物或范围等。

（二）卫生用农药

对人畜、环境容易产生危害的，应当说明并标注预防措施。

第十八条　中毒急救措施应当包括中毒症状及误食、吸入、眼睛溅入、皮肤沾附农药后的急救和治疗措施等内容。有专用解毒剂的，应当标明，并标注医疗建议。

具备条件的，可以标明中毒急救咨询电话。

第十九条　贮存和运输方法应当包括贮存时的光照、温度、湿度、通风等环境条件要求及装卸、运输时的注意事项，并醒目标明“远离儿童”、“不能与食品、饮料、粮食、饲料等混合贮存”等警示内容。

第二十条　农药类别应当采用相应的文字和特征颜色标志带表示。

不同类别的农药采用在标签底部加一条与底边平行的、不褪色的特征颜色标志带表示。

除草剂用“除草剂”字样和绿色带表示；杀虫（螨、软体动物）剂用“杀虫剂”或“杀螨剂”、“杀软体动物剂”字样和红色带表示；杀菌（线虫）剂用“杀菌剂”或“杀线虫剂”字样和黑色带表示；植物生长调节剂用“植物生长调节剂”字样和深黄色带表示；杀鼠剂用“杀鼠剂”字样和蓝色带表示；杀虫/杀菌剂用“杀虫/杀菌剂”字样、红色和黑色带表示。农药种类的描述文字应当镶嵌在标志带上，颜色与其形成明显反差。

第二十一条　像形图应当根据产品安全使用措施的需要选择，但不得代替标签中必要的文字说明。

像形图应当根据产品实际使用的操作要求和顺序排列，包括贮存像形图、操作像形图、忠告像形图、警告像形图。像形图应当用黑白两种颜色印刷，一般位于标签底部,其尺寸应当与标签的尺寸相协调。

第二十二条　原药产品标签可以不标注使用技术和使用方法。

第二十三条　直接使用的卫生用农药可以不标注特征颜色标志带和像形图。

第二十四条　标签不得标注任何带有宣传、广告色彩的文字、符号、图案,不得标注企业获奖和荣誉称号。法律、法规或规章另有规定的,从其规定。

第三章　制作、使用和管理

第二十五条　剧毒、高毒农药产品,不得使用与医药产品(如口服液)相似的包装,其他农药产品使用与医药产品相似包装的,标签应当标注明显的警示内容或像形图。

第二十六条　标签上汉字的字体高度不得小于1.8毫米,毒性标识应当醒目。

第二十七条　农药名称应当显著、突出,字体、字号、颜色应当一致,并符合以下要求:

(一)对于横版标签,应当在标签上部三分之一范围内中间位置显著标出;对于竖版标签,应当在标签右部三分之一范围内中间位置显著标出;

(二)不得使用草书、篆书等不易识别的字体,不得使用斜体、中空、阴影等形式对字体进行修饰;

(三)字体颜色应当与背景颜色形成强烈反差;

(四)除因包装尺寸的限制无法同行书写外,不得分行书写。

第二十八条　有效成分含量和剂型应当醒目标注在农药名称的正下方（横版标签）或正左方（竖版标签）相邻位置，字体高度不得小于农药名称的二分之一。

混配制剂应当标注总有效成分含量以及各种有效成分的通用名称和含量。各有效成分的通用名称及含量应当醒目标注在农药名称的正下方（横版标签）或正左方（竖版标签），字体、字号、颜色应当一致，字体高度不得小于农药名称的二分之一。

第二十九条　标签使用商标或本规定允许使用的企业获奖和荣誉称号的，应当标注在标签的边或角；含文字的，其单字面积不得大于农药名称的单字面积。

第三十条　标签和说明书上不得出现未经登记的使用范围和防治对象的图案、符号、文字。

第三十一条　经核准的标签和说明书，农药生产、经营者不得擅自改变标注内容。需要对标签和说明书进行修改的，应当报农业部重新核准。

农业部根据农药产品使用中出现的安全性和有效性问题，可以要求农药生产企业修改标签和说明书，并重新核准。

第三十二条　申请变更标签或说明书内容的，应当书面说明变更理由，并提交修改后的标签和说明书样张。农业部在 20 个工作日内完成审查，审查通过的予以核准公布。

申请者在领取重新核准的标签和说明书样张时，应当交回原标签和说明书样张。

第三十三条　标签和说明书重新核准三个月后，农药生产企业不得继续使用原标签和说明书。

第三十四条　违反本办法的，按照《农药管理条例》有关规定处罚。

第四章　附　　则

第三十五条　本办法自 2008 年 1 月 8 日起施行。已登记的标签或说明书与本办法不符的，应当向农业部申请重新核准。自 2008 年 7 月 1 日起，农药生产企业生产的农药产品一律不得使用不符合本办法规定的标签和说明书。

我们为什么要重视这些文件，因为，我们买到假的农资产品后，最起码应该知道哪里假，当然，我们学习这些文件，最主要的工作就是尽量不让自己买到假货。

四、农业部令第 009 号

中华人民共和国农业部令第 009 号

《关于修订<农药管理条例实施办法>的决定》业经 2007 年 12 月 6 日农业部第 15 次常务会议审议通过，现予发布，自 2008 年 1 月 8 日起施行。

部长：孙政才

二〇〇七年十二月八日

关于修订《农药管理条例实施办法》的决定

农业部决定对《农药管理条例实施办法》作如下修改：

一、第七条中的"农药临时登记证有效期为一年，可以续展，累积有效期不得超过四年。"修改为："农药临时登记证有效期为一年，可以续展，累积有效期不得超过三年。"

二、第十三条修改为"农药名称是指农药的通用名称或简化通用名称，直接使用的卫生农药以功能描述词语和剂型作为产品名称。农药名称登记核准和使用管理的具体规定另行制定。

农药的通用名称和简化通用名称不得申请作为注册商标。"

三、第十四条修改为"农药临时登记证需续展的，应当在登记证有效期满一个月前提出续展登记申请；农药登记证需续展的，应当在登记证有效期满三个月前提出续展登记申请。逾期提出申请的，应当重新办理登记手续。对所受理的临时登记和正式登记续展申请，农业部在二十个工作日内决定是否予以登记续展，但专家评审时间不计算在内。"

本决定自2008年1月8日起施行。

五、农药管理条例实施办法

农药管理条例实施办法

1999年4月27日经农业部部常务会议通过，中华人民共和国农业部令第20号发布，自1999年7月23日起施行。2002年7月27日，农业部令第18号修订。2004年7月1日，农业部令第38号修订。

第一章　总　　则

第一条　为了保证《农药管理条例》(以下简称《条例》)的贯彻实施，加强对农药登记、经营和使用的监督管理，促进农药工业技术进步，保证农业生产的稳定发展，保护生态环境，保障人畜安全，根据《条例》的有关规定，制定本实施办法。

第二条　农业部负责全国农药登记、使用和监督管理工作，负责制定或参与制定农药安全使用、农药产品质量及农药残留的国家或行业标准。

省、自治区、直辖市人民政府农业行政主管部门协助农业部做好本行政区域内的农药登记，负责本行政区域内农药研制者和生产者申请农药田间试验和临时登记资料的初审，并负责本行政区域内的农药监督管理工作。

县和设区的市、自治州人民政府农业行政主管部门负责本行政区域内的农药监督管理工作。

第三条　农业部农药检定所负责全国的农药具体登

记工作。省、自治区、直辖市人民政府农业行政主管部门所属的农药检定机构协助做好本行政区域内的农药具体登记工作。

第四条 各级农业行政主管部门必要时可以依法委托符合法定条件的机构实施农药监督管理工作。受委托单位不得从事农药经营活动。

第二章 农药登记

第五条 对农药登记试验单位实行认证制度。

农业部负责组织对农药登记药效试验单位、农药登记残留试验单位、农药登记毒理学试验单位和农药登记环境影响试验单位的认证,并发放认证证书。

经认证的农药登记试验单位应当接受省级以上农业行政主管部门的监督管理。

第六条 农业部制定并发布《农药登记资料要求》。

农药研制者和生产者申请农药田间试验和农药登记,应当按照《农药登记资料要求》提供有关资料。

第七条 新农药应申请田间试验、临时登记和正式登记。

(一)田间试验

农药研制者在我国进行田间试验,应当经其所在地省级农业行政主管部门所属的农药检定机构初审后,向农业部提出申请,由农业部农药检定所对申请资料进行审查。经审查批准后,农药研制者持农药田间试验批准证书与取得认证资格的农药登记药效试验单位签订试验合同，试验应当按照《农药田间药效试验准则》实施。

省级农业行政主管部门所属的农药检定机构对田间试验的初审，应当在农药研制者交齐资料之日起一个月内完成。

境外及港、澳、台农药研制者的田间试验申请，申请资料由农业部农药检定所审查。

农业部农药检定所应当自农药研制者交齐资料之日起三个月内组织完成田间试验资料审查。

（二）临时登记

田间试验后，需要进行示范试验（面积超过 10 公顷）、试销以及在特殊情况下需要使用的农药，其生产者须申请原药和制剂临时登记。其申请登记资料应当经所在地省级农业行政主管部门所属的农药检定机构初审后，向农业部提出临时登记申请，由农业部农药检定所对申请资料进行综合评价，经农药临时登记评审委员会评审，符合条件的，由农业部发给原药和制剂农药临时登记证。

省级农业行政主管部门所属的农药检定机构对临时登记资料的初审，应当在农药生产者交齐资料之日起一个月内完成。

境外及港、澳、台农药生产者向农业部提出临时登记申请的，申请资料由农药检定所审查。

农业部组织成立农药临时登记评审委员会，每届任期三年。农药临时登记评审委员会一至二个月召开一次全体会议。农药临时登记评审委员会的日常工作由农业部农药检定所承担。

农业部农药检定所应当自农药生产者交齐资料之日起三个月内组织完成临时登记评审。

农药临时登记证有效期为一年,可以续展,累积有效期不得超过四年。

(三)正式登记

经过示范试验、试销可以作为正式商品流通的农药,其生产者须向农业部提出原药和制剂正式登记申请,由农业部农药检定所对申请资料进行审查,经国务院农业、化工、卫生、环境保护部门和全国供销合作总社审查并签署意见后,由农药登记评审委员会进行综合评价,符合条件的,由农业部发给原药和制剂农药登记证。

农药生产者申请农药正式登记,应当提供两个以上不同自然条件地区的示范试验结果。示范试验由省级农业、林业行政主管部门所属的技术推广部门承担。

农业部组织成立农药登记评审委员会,下设农业、毒理、环保、工业等专业组。农药登记评审委员会每届任期三年,每年召开一次全体会议和一至二次主任委员会议。农药登记评审委员会的日常工作由农业部农药检定所承担。

农业部农药检定所应当自农药生产者交齐资料之日起一年内组织完成正式登记评审。

农药登记证有效期为五年,可以续展。

第八条 经正式登记和临时登记的农药,在登记有效期限内,同一厂家或者不同厂家改变剂型、含量(配比)

或者使用范围、使用方法的，农药生产者应当申请田间试验、变更登记。

田间试验、变更登记的申请和审批程序同本《实施办法》第七条第（一）、第（二）项。

变更登记包括临时登记变更和正式登记变更，分别发放农药临时登记证和农药登记证。

第九条　生产其他厂家已经登记的相同农药的，农药生产者应当申请田间试验、变更登记，其申请和审批程序同本《实施办法》第七条第（一）、第（二）项。

对获得首次登记的，含新化合物的农药登记申请人提交的数据，按照《农药管理条例》第十条的规定予以保护。

申请登记的农药产品质量和首家登记产品无明显差异的，在首家取得正式登记之日起6年内，经首家登记厂家同意，农药生产者可使用其原药资料和部分制剂资料；在首家取得正式登记之日起6年后，农药生产者可免交原药资料和部分制剂资料。

第十条　生产者分装农药应当申请办理农药分装登记，分装农药的原包装农药必须是在我国已经登记过的。农药分装登记的申请，应当经农药生产者所在地省级农业行政主管部门所属的农药检定机构初审后，向农业部提出，由农药检定所对申请资料进行审查。经审查批准后，由农业部发给农药临时登记证，登记证有效期为一年，可随原包装厂家产品登记有效期续展。

农业部农药检定所应当自农药生产者交齐资料之日

起三个月内组织完成分装登记评审。

第十一条 经审查合格的农药登记申请,农业部应当在评审结束后 10 日内决定是否颁发农药临时登记证或农药正式登记证。

第十二条 农药登记证、农药临时登记证和农药田间试验批准证书使用“中华人民共和国农业部农药审批专用章”。

第十三条 农药生产者申请办理农药登记时可以申请使用农药商品名称。农药商品名称的命名应当规范,不得描述性过强,不得有误导作用。农药商品名称经农业部批准后由申请人专用。

第十四条 农药临时登记证、农药登记证需续展的,应当在登记证有效期满前一个月提出续展登记申请。登记证有效期满后提出申请的,应当重新办理登记手续。

第十五条 取得农药登记证或农药临时登记证的农药生产厂家因故关闭的,应当在企业关闭后一个月内向农业部农药检定所交回农药登记证或农药临时登记证。逾期不交的,由农业部宣布撤销登记。

第十六条 如遇紧急需要,对某些未经登记的农药、某些已禁用或限用的农药,农业部可以与有关部门协商批准在一定范围、一定期限内使用和临时进口。

第十七条 农药登记部门及其工作人员有责任为申请者提供的资料和样品保守技术秘密。

第十八条 农业部定期发布农药登记公告。

第十九条 农药生产者应当指定专业部门或人员负

责农药登记工作。省级以上农业行政主管部门所属的农药检定机构应当对申请登记人员进行相应的业务指导。

第二十条　进行农药登记试验(药效、残留、毒性、环境)应当提供有代表性的样品,并支付试验费。试验样品须经法定质量检测机构检测确认样品有效成分及其含量与标明值相符,方可进行试验。

第三章　农药经营

第二十一条　供销合作社的农业生产资料经营单位,植物保护站,土壤肥料站,农业、林业技术推广机构,森林病虫害防治机构,农药生产企业,以及国务院规定的其他单位可以经营农药。

农垦系统的农业生产资料经营单位、农业技术推广单位,按照直供的原则,可以经营农药;粮食系统的储运贸易公司、仓储公司等专门供应粮库、粮站所需农药的经营单位,可以经营储粮用农药。

日用百货、日用杂品、超级市场或者专门商店可以经营家庭用防治卫生害虫和衣料害虫的杀虫剂。

第二十二条　农药经营单位不得经营下列农药:

(一)无农药登记证或者农药临时登记证、无农药生产许可证或者生产批准文件、无产品质量标准的国产农药;

(二)无农药登记证或者农药临时登记证的进口农药;(这个和前面的文件有点冲突,但是我们按照相关的原则,以这个文件为准);

（三）无产品质量合格证和检验不合格的农药；

（四）过期而无使用效能的农药；

（五）没有标签或者标签残缺不清的农药；

（六）撤销登记的农药。

第二十三条 农药经营单位对所经营农药应当进行或委托进行质量检验。

第二十四条 农药经营单位向农民销售农药时，应当提供农药使用技术和安全使用注意事项等服务。

第四章 农药使用

第二十五条 各级农业行政主管部门及所属的农业技术推广部门，应当贯彻“预防为主，综合防治”的植保方针，根据本行政区域内的病、虫、草、鼠害发生情况，提出农药年度需求计划，为国家有关部门进行农药产销宏观调控提供依据。

第二十六条 各级农业技术推广部门应当指导农民按照《农药安全使用规定》和《农药合理使用准则》等有关规定使用农药，防止农药中毒和药害事故发生。

第二十七条 各级农业行政主管部门及所属的农业技术推广部门，应当做好农药科学使用技术和安全防护知识培训工作。

第二十八条 农药使用者应当确认农药标签清晰，农药登记证号或者农药临时登记证号、农药生产许可证号或者生产批准文件号齐全后，方可使用农药。

农药使用者应当严格按照产品标签规定的剂量、防治对象、使用方法、施药适期、注意事项施用农药,不得随意改变。

第二十九条　各级农业技术推广部门应当大力推广使用安全、高效、经济的农药。剧毒、高毒农药不得用于防治卫生害虫,不得用于瓜类、蔬菜、果树、茶叶、中草药材等。

第三十条　为了有计划地轮换使用农药,减缓病、虫、草、鼠的抗药性,提高防治效果,省、自治区、直辖市人民政府农业行政主管部门报农业部审查同意后,可以在一定区域内限制使用某些农药。

第五章　农药监督

第三十一条　各级农业行政主管部门应当配备一定数量的农药执法人员。农药执法人员应当是具有相应的专业学历、并从事农药工作三年以上的技术人员或者管理人员,经有关部门培训考核合格,取得执法证,持证上岗。

第三十二条　农业行政主管部门有权按照规定对辖区内的农药生产、经营和使用单位的农药进行定期和不定期监督、检查,必要时按照规定抽取样品和索取有关资料,有关单位和个人不得拒绝和隐瞒。

农药执法人员对农药生产、经营单位提供的保密技术资料,应当承担保密责任。

第三十三条　对假农药、劣质农药需进行销毁处理的,必须严格遵守环境保护法律、法规的有关规定,按照农药废弃物的安全处理规程进行,防止污染环境;对有使用价值的,应当经省级以上农业行政主管部门所属的农药检定机构检验,必要时要经过田间试验,制订使用方法和用量。

第三十四条 禁止销售农药残留量超过标准的农副产品。县级以上农业行政主管部门应当做好农副产品农药残留量的检测工作。

第三十五条 农药广告内容必须与农药登记的内容一致,农药广告经过审查批准后方可发布。农药广告的审查按照《广告法》和《农药广告审查办法》执行。

通过重点媒介发布的农药广告和境外及港、澳、台地区农药产品的广告,由农业部负责审查。其他广告,由广告主所在地省级农业行政主管部门负责审查。广告审查具体工作由农业部农药检定所和省级农业行政主管部门所属的农药检定机构承担。

第三十六条 地方各级农业行政主管部门应当及时向上级农业行政主管部门报告发生在本行政区域内的重大农药案件的有关情况。

第六章 罚 则

第三十七条对未取得农药临时登记证而擅自分装农药的,由农业行政主管部门责令停止分装生产,没收违法所得,并处违法所得 1 倍以上 5 倍以下的罚款;没有违法所得的,并处 5 万元以下的罚款。

第三十八条 对生产、经营假农药、劣质农药的,由

农业行政主管部门或者法律、行政法规规定的其他有关部门,按以下规定给予处罚:

(一)生产、经营假农药的,劣质农药有效成分总含量低于产品质量标准30%(含30%)或者混有导致药害等有害成分的,没收假农药、劣质农药和违法所得,并处违法所得5倍以上10倍以下的罚款;没有违法所得的,并处10万元以下的罚款。

(二)生产、经营劣质农药有效成分总含量低于产品质量标准70%(含70%)但高于30%的,或者产品标准中乳液稳定性、悬浮率等重要辅助指标严重不合格的,没收劣质农药和违法所得,并处违法所得3倍以上5倍以下的罚款;没有违法所得的,并处5万元以下的罚款。

(三)生产、经营劣质农药有效成分总含量高于产品质量标准70%的,或者按产品标准要求有一项重要辅助指标或者二项以上一般辅助指标不合格的,没收劣质农药和违法所得,并处违法所得1倍以上3倍以下的罚款;没有违法所得的,并处3万元以下罚款。

(四)生产、经营的农药产品净重(容)量低于标明值,且超过允许负偏差的,没收不合格产品和违法所得,并处违法所得1倍以上5倍以下的罚款;没有违法所得的,并处5万元以下罚款。

生产、经营假农药、劣质农药的单位,在农业行政主管部门或者法律、行政法规规定的其他有关部门的监督下,负责处理被没收的假农药、劣质农药,拖延处理造成的经济损失由生产、经营假农药和劣质农药的单位承担。

第三十九条　对经营未注明“过期农药”字样的超过产品质量保证期的农药产品的，由农业行政主管部门给予警告，没收违法所得，可以并处违法所得3倍以下的罚款；没有违法所得的，并处3万元以下的罚款。

第四十条　收缴或者吊销农药登记证或农药临时登记证的决定由农业部作出。

第四十一条　本《实施办法》所称“违法所得”，是指违法生产、经营农药的销售收入。

第四十二条　各级农业行政主管部门实施行政处罚，应当按照《行政处罚法》、《农业行政处罚程序规定》等法律和部门规章的规定执行。

第四十三条　农药管理工作人员滥用职权、玩忽职守、徇私舞弊、索贿受贿，构成犯罪的，依法追究刑事责任；尚不构成犯罪的，依法给予行政处分。

第七章　附　则

第四十四条　对《条例》第二条所称农药解释如下：

（一）《条例》第二条（一）预防、消灭或者控制危害农业、林业的病、虫（包括昆虫、蜱、螨）、草和鼠、软体动物等有害生物的是指农、林、牧、渔业中的种植业用于防治植物病、虫（包括昆虫、蜱、螨）、草和鼠、软体动物等有害生物的。

（二）《条例》第二条（三）调节植物生长的是指对植物生长发育（包括萌发、生长、开花、受精、坐果、成熟及脱落等过程）具有抑制、刺激和促进等作用的生物或者化学制剂；通过提供植物养分促进植物生长的适用其他规定。

（三）《条例》第二条（五）预防、消灭或者控制蚊、蝇、蜚蠊、鼠和其他有害生物的是指用于防治人生活环境和农林业中养殖业用于防治动物生活环境卫生害虫的。

（四）利用基因工程技术引入抗病、虫、草害的外源基因改变基因组构成的农业生物，适用《条例》和本《实施办法》。

（五）用于防治《条例》第二条所述有害生物的商业化天敌生物，适用《条例》和本《实施办法》。

（六）农药与肥料等物质的混合物，适用《条例》和本《实施办法》。

第四十五条　本《实施办法》下列用语定义为：

（一）新农药是指含有的有效成分尚未在我国批准登记的国内外农药原药和制剂。

（二）新制剂是指含有的有效成分与已经登记过的相同，而剂型、含量（配比）尚未在我国登记过的制剂。

（三）新登记使用范围和方法是指有效成分和制剂与已经登记过的相同，而使用范围和方法是尚未在我国登记过的。

第四十六条　种子加工企业不得应用未经登记或者假、劣种衣剂进行种子包衣。对违反规定的，按违法经营农药行为处理。

第四十七条　我国作为农药事先知情同意程序国际

公约(PIC)成员国,承担承诺的国际义务,有关具体事宜由农业部农药检定所承办。

第四十八条 本《实施办法》由农业部负责解释。

第四十九条 本《实施办法》自发布之日起施行。凡与《条例》和本《实施办法》相抵触的规定,一律以《条例》和本《实施办法》为准。

六、农药产品生产许可证实施细则

《农药产品生产许可证实施细则》

1 总则

1.1 为了做好农药产品生产许可证发证工作,依据《中华人民共和国农药管理条例》(国务院令第216号)、《国务院关于修改〈农药管理条例〉的决定》(国务院令第326号)、《危险化学品安全管理条例》(国务院令第344号)、《中华人民共和国工业产品生产许可证管理条例》(国务院令第440号)及《中华人民共和国工业产品生产许可证管理条例实施办法》(国家质检总局令第80号)、《国家质量监督检验检疫总局关于修改〈中华人民共和国工业产品生产许可证管理条例实施办法〉的决定》(国家质检总局令第130号)等规定,制定本实施细则。

1.2 本实施细则规定的农药产品划分为17个产品单元、235个产品品种(见表1)。

表1　农药产品单元、产品品种及规格

产品单元	品种序号	产品品种	规格
防蛀剂	1	日用樟脑＊	≥92.0%
粉剂	2	甲霜灵粉剂	35.0%
	3	五氯硝基苯粉剂＊	≥40.0%
颗粒剂	4	10%禾草丹颗粒剂	10.0%
	5	3%克百威颗粒剂	3.0%
	6	丁硫克百威颗粒剂	5.0%、10.0%
	7	灭线磷颗粒剂★	≥5.0%
	8	特丁硫磷颗粒剂★	≥3.0%
可溶粉剂	9	56%2甲4氯钠可溶粉剂＊	56.0%
	10	杀螟丹可溶粉剂＊	50.0%、95.0%
	11	敌磺钠（敌克松）湿粉＊★	≥45%
	12	草甘膦可溶粉（粒）剂	所有含量
可湿性粉剂	13	10%苯磺隆可湿性粉剂	10.0%
	14	15%多效唑可湿性粉剂	15.0%
	15	20%哒螨灵可湿性粉剂	20.0%
	16	25%噻嗪酮可湿性粉剂	25.0%
	17	25%速灭威可湿性粉剂＊	25.0%
	18	50%苯噻酰草胺可湿性粉剂	50.0%
	19	百菌清可湿性粉剂	≥50.0%
	20	吡虫啉可湿性粉剂	≥10.0%
	21	吡嘧磺隆可湿性粉剂	7.5%、10.0%
	22	苄嘧磺隆·二氯喹啉酸可湿性粉剂	所有含量
	23	代森锰锌·霜脲氰可湿性粉剂＊	≥72.0%
	24	代森锰锌可湿性粉剂＊	≥50.0%
	25	代森锌可湿性粉剂	≥65.0%

续表 1

产品单元	品种序号	产品品种	规格
可湿性粉剂	26	啶虫脒可湿性粉剂	所有含量
	27	多菌灵可湿性粉剂	≥25.0%
	28	二氯喹啉酸可湿性粉剂	50.0%、25.0%
	29	福美双可湿性粉剂 *	≥50.0%
	30	甲基硫菌灵可湿性粉剂	70.0%、50.0%
	31	甲霜灵可湿性粉剂	25.0%
	32	绿麦隆可湿性粉剂	≥25.0%
	33	氯嘧磺隆可湿性粉剂	10.0%、20.0%、25.0%
	34	扑草净可湿性粉剂	50.0%、40.0%、25.0%
	35	三环唑可湿性粉剂 *	≥20.0%
	36	三乙膦酸铝可湿性粉剂	≥40.0%
	37	三唑酮可湿性粉剂 *	≥15.0%
	38	苏云金杆菌可湿性粉剂	≥1.0%
	39	戊唑醇可湿性粉剂	80.0%、25.0%
	40	烯唑醇可湿性粉剂	12.50%
	41	莠去津可湿性粉剂	80.0%、48.0%
	42	苄嘧磺隆可湿性粉剂	10%、30%
	43	噻吩磺隆可湿性粉剂	25.0%、15.0%
母药	44	百草枯母药 *#	≥30.5%
	45	溴敌隆母药★	≥0.50%
	46	溴鼠灵母药	≥0.50%

续表 1

产品单元	品种序号	产品品种	规格
片剂	47	56%磷化铝片剂 *	56.0%
乳油	48	15%哒螨灵乳油	15.00%
	49	2,4-滴丁酯乳油	57%、72%、900g/L、999g/L
	50	灭多威乳油 *	20%、40%
	51	20%氰戊菊酯乳油	20.0%
	52	20%三唑酮乳油	20.0%
	53	20%速灭威乳油 *	20.0%
	54	20%异丙威乳油 *	20.0%
	55	4%赤霉素乳油	40 mg/ml
	56	4.5%高效氯氰菊酯乳油	4.50%
	57	40%丙溴磷乳油	40.0%
	58	40%乐果乳油 *	40.0%
	59	40%杀扑磷乳油★	≥40.0%
	60	40%辛硫磷乳油 *	40.0%
	61	40%氧乐果乳油 * ★	40.0%
	62	45%马拉硫磷乳油 * ★	45.0%
	63	50%禾草丹乳油	50.0%
	64	阿维菌素·高效氯氰菊酯乳油	所有含量
	65	阿维菌素乳油	所有含量
	66	吡虫啉乳油	≥5.0%
	67	哒嗪硫磷乳油	≥20.0%
	68	稻瘟灵乳油	≥30.0%
	69	敌敌畏乳油 * ★	48.0%、77.5%
	70	丁草胺乳油	50.0%、60.0%

续表 1

产品单元	品种序号	产品品种	规格
乳油	71	丁硫克百威乳油	200g/L、20.0%
	72	啶虫脒乳油	所有含量
	73	毒死蜱乳油 *	≥40.0%
	74	噁草酮乳油	120g/L、250g/L
	75	二甲戊灵乳油	33.0%、330g/L
	76	氟乐灵乳油	45.50%
	77	高效氯氟氰菊酯乳油	所有含量
	78	甲氨基阿维菌素乳油	所有含量
	79	甲拌磷乳油 * ★	≥55.0%
	80	甲草胺乳油	43.0%
	81	甲基异柳磷乳油 * ★	≥35.0%
	82	甲氰菊酯乳油 * ★	≥10.0%
	83	腈菌唑乳油	所有含量
	84	精噁唑禾草灵乳油	6.9%、80.5g/L、100g/L
	85	精喹禾灵乳油	5.0%、8.8%、10.0%
	86	喹禾灵乳油	10.0%
	87	联苯菊酯乳油	25g/L、100g/L、10%
	88	硫丹乳油	所有含量
	89	氯氰菊酯乳油	≥5.0%
	90	咪鲜胺乳油	25%、45%、450g/L
	91	炔螨特乳油	所有含量

续表 1

产品单元	品种序号	产品品种	规格
乳油	92	20%噻嗪酮乳油	20.0%
	93	三氯杀螨醇乳油	≥20%
	94	三唑磷乳油＊★	≥20.0%
	95	杀螟硫磷乳油＊★	45%、50%
	96	35%水胺硫磷乳油＊★	35.0%
	97	戊唑醇乳油	25.0%、250g/L
	98	烯草酮乳油	120g/L、240g/L、24%
	99	溴氰菊酯乳油＊★	≥2.8%
	100	乙草胺乳油	81.5%、50.0%
	101	乙酰甲胺磷乳油＊	≥30.0%
	102	异稻瘟净乳油＊	≥40.0%
	103	仲丁威乳油＊	≥20.0%
	104	丙环唑乳油	25.0%、250g/L
	105	异噁草松乳油	480g/L、360g/L
水剂	106	13%2甲4氯钠水剂	13.0%
	107	250g/L甲哌鎓水剂	250g/L
	108	矮壮素水剂＊	50.0%
	109	百草枯水剂＊	18.5%、22.5%
	110	草甘膦水剂	所有含量
	111	氟磺胺草醚水剂	25%、250g/L
	112	井冈霉素水剂	≥3.0%
	113	杀虫双水剂	≥18.0%
	114	霜霉威盐酸盐水剂	722g/L、35.0%
	115	40%乙烯利水剂＊	40.0%

续表 1

产品单元	品种序号	产品品种	规格
水乳剂	116	精噁唑禾草灵水乳剂	6.9%、7.5%、69g/L
	117	咪鲜胺水乳剂	25%、45%、450g/L
	118	戊唑醇水乳剂	250g/L、12.5%
悬浮剂	119	40%多菌灵悬浮剂	40.0%
	120	百菌清悬浮剂	≥40.0%
	121	硫磺悬浮剂	≥45.0%
	122	苏云金杆菌悬浮剂	≥0.2%
	123	莠去津悬浮剂	38.0%、50.0%、500g/L
	124	异丙草胺·莠去津悬乳剂	所有含量
悬浮种衣剂	125	多·福·克悬浮种衣剂 *	所有含量
	126	多·福悬浮种衣剂 *	所有含量
	127	多·克悬浮种衣剂 *	所有含量
	128	福·克悬浮种衣剂 *	所有含量
	129	甲·克悬浮种衣剂 * ★	所有含量
烟粉粒剂	130	百菌清烟粉粒剂	≥30.0%
烟片剂	131	10%百菌清烟片剂	10.0%
原药	132	2,4－滴丁酯原药 *	≥92.0%
	133	2,4－滴原药 *	≥96.0%
	134	阿维菌素原药	≥92.0%
	135	胺菊酯原药	≥80.0%
	136	百菌清原药	≥90.0%
	137	苯磺隆原药	≥95.0%
	138	苯噻酰草胺原药	≥95.0%
	139	吡虫啉原药	≥85.0%
	140	吡嘧磺隆原药	≥95.0%

续表 1

产品单元	品种序号	产品品种	规格
原药	141	丙溴磷原药	≥80.0%
	142	草甘膦原药	≥95.0%
	143	赤霉素原药	≥75.0%
	144	哒螨灵原药	≥85.0%
	145	哒嗪硫磷原药	≥75.0%
	146	代森锰锌原药 *	≥88.0%
	147	代森锌原药	≥85.0%
	148	稻瘟灵原药	≥90.0%
	149	敌百虫原药 *	≥90.0%
	150	敌敌畏原药 * ★	≥95.0%
	151	敌磺钠(敌克松)原药 * ★	≥60.0%
	152	敌鼠钠盐 * #	≥80.0%
	153	丁草胺原药	≥90.0%
	154	丁硫克百威原药	≥90.0%
	155	啶虫脒原药	≥96.0%
	156	毒死蜱原药 *	≥95.0%
	157	多菌灵原药	≥95.0%
	158	多效唑原药	≥95.0%
	159	噁草酮原药	≥95.0%
	160	二甲戊灵原药	≥95.0%
	161	二氯喹啉酸原药	≥80.0%
	162	氟磺胺草醚原药	≥95.0%
	163	氟乐灵原药	≥95.0%
	164	福美双原药 *	≥95.0%
	165	高效氯氟氰菊酯原药	≥95.0%
	166	高效氯氰菊酯原药	≥92.0%
	167	禾草丹原药	≥85.0%
	168	合成樟脑 *	≥94.0%

续表 1

产品单元	品种序号	产品品种	规格
原药	169	甲氨基阿维菌素原药	≥79.1%
	170	甲拌磷原药＊★#	≥80.0%
	171	甲草胺原药	≥90.0%
	172	甲基硫菌灵原药	≥95.0%
	173	甲哌鎓原药	≥96.0%
	174	甲氰菊酯原药＊★	≥85.0%
	175	甲霜灵原药	≥80.0%
	176	晶体乐果＊	≥96.0%
	177	腈菌唑原药	≥90.0%
	178	精噁唑禾草灵原药	≥92.0%
	179	精喹禾灵原药	≥92.0%
	180	克百威原药＊★#	≥93.0%
	181	喹禾灵原药	≥95.0%
	182	乐果原药＊	≥80.0%
	183	联苯菊酯原药	≥96.0%
	184	林丹＊#	≥99.5%
	185	磷化锌原药＊★#	≥80.0%
	186	硫丹原药★	≥96.0%
	187	硫酸铜(农用)＊	≥98.0%
	188	绿麦隆原药	≥80.0%
	189	氯嘧磺隆原药	≥95.0%
	190	氯氰菊酯原药＊	≥90.0%
	191	马拉硫磷原药＊★	≥85.0%
	192	咪鲜胺原药	≥95.0%
	193	灭多威原药＊★#	≥98.0%
	194	灭线磷原药★	≥90.0%
	195	扑草净原药	≥96.0%
	196	氰戊菊酯原药	≥85.0%

续表 1

产品单元	品种序号	产品品种	规格
原药	197	炔螨特原药	≥90.0%
	198	噻嗪酮原药	≥97.0%
	199	三环唑原药 *	≥95.0%
	200	三氯杀虫酯原药	≥90.0%
	201	三氯杀螨醇原药#	≥90.0%
	202	三氯杀螨砜原药	≥90.0%
	203	三乙膦酸铝原药	≥87.0%
	204	三唑磷原药 * ★	≥75.0%
	205	三唑酮原药 *	≥95.0%
	206	杀虫单原药	≥90.0%
	207	杀螟丹原药 *	≥97.0%
	208	杀螟硫磷原药 * ★	≥95.0%
	209	杀扑磷原药★#	≥95.0%
	210	霜霉威原药	≥95.0%
	211	苏云金杆菌原粉	≥6.0%
	212	速灭威原药 *	≥90.0%
	213	特丁硫磷原药★#	≥86.0%
	214	五氯硝基苯原药 *	≥88.0%
	215	戊唑醇原药	≥96.0%
	216	烯草酮原药	≥85.0%
	217	烯唑醇原药	≥95.0%
	218	辛硫磷原药 *	≥90.0%
	219	溴敌隆原药★#	≥97.0%
	220	溴甲烷原药 * #	≥98.5%
	221	溴鼠灵原药#	≥95.0%
	222	氧乐果原药 * ★#	≥70.0%
	223	乙草胺原药	≥93.0%
	224	乙烯利原药 *	≥89.0%

续表 1

产品单元	品种序号	产品品种	规格
原药	225	乙酰甲胺磷原药 *	≥95.0%
	226	异丙威原药 *	≥90.0%
	227	异稻瘟净原药 *	≥90.0%
	228	莠去津原药	≥95.0%
	229	仲丁威原药 *	≥90.0%
	230	丙环唑原药	≥95.0%
	231	异噁草松原药	≥93.0%
	232	水胺硫磷原药	≥95.0%
	233	苄嘧磺隆原药	≥96.0%
	234	噻吩磺隆原药	≥95.0%
原药浓剂	235	高效氯氰菊酯原药浓剂	≥27.0%

注意：相关标准为相关该剂型的标准，如果不是该标准剂型，则可以不用工业许可证，而是使用工业批准证件就可以，同时可以不用挂 QS 标志。

我们拿到了一个农药，可以迅速地通过上面的东西来查看，它的作用相当于字典。这个资料是 2011 年年初的资料，每年有一定的增加，我们以后会陆续的发出来。

七、关于做好标注生产许可证标志(QS)和编号过渡工作的通知

关于做好标注生产许可证标志(QS)和编号过渡工作的通知

全许办[2005]58号

各省、自治区、直辖市工业产品生产许可证办公室、各产品审查部:

根据《中华人民共和国工业产品生产许可证管理条例》及《中华人民共和国工业产品生产许可证管理条例实施办法》的有关规定,取得生产许可证的企业必须在其产品或包装、说明书上标注生产许可证标志(QS)和编号。为了做好标注生产许可证标志(QS)和编号的过渡工作,现就有关问题进一步明确如下:

一、2005年11月1日以后取得生产许可证的企业,应当自准予许可之日起6个月内,完成在其产品或包装、说明书上标注生产许可证标志(QS)和编号的工作。

二、2005年11月1日以前已经取得生产许可证的企业,应当自本通知下发之日起1年内,完成在其产品或包装、说明书上标注生产许可证标志(QS)和编号的工作。

逾期仍未按照上述规定进行标注的,将依照有关规定予以处理。

八、肥料登记管理办法

肥料登记管理办法

已于2000年6月12日经农业部常务会议通过，现予发布施行。

第一章 总 则

第一条 为了加强肥料管理，保护生态环境，保障人畜安全，促进农业生产，根据《中华人民共和国农业法》等法律法规，制定本办法。

第二条 在中华人民共和国境内生产、经营、使用和宣传肥料产品，应当遵守本办法。

第三条 本办法所称肥料，是指用于提供、保持或改善植物营养和土壤物理、化学性能以及生物活性，能提高农产品产量，或改善农产品品质，或增强植物抗逆性的有机、无机、微生物及其混合物料。

第四条 国家鼓励研制、生产和使用安全、高效、经济的肥料产品。

第五条 实行肥料产品登记管理制度，未经登记的肥料产品不得进口、生产、销售和使用，不得进行广告宣传。

第六条 肥料登记分为临时登记和正式登记两个阶段：

（一）临时登记：经田间试验后，需要进行田间示范试验、试销的肥料产品，生产者应当申请临时登记。

（二）正式登记：经田间示范试验、试销可以作为正式商品流通的肥料产品，生产者应当申请正式登记。

第七条农业部负责全国肥料登记和监督管理工作。省、自治区、直辖市人民政府农业行政主管部门协助农业部做好本行政区域内的肥料登记工作。县级以上地方人民政府农业行政主管部门负责本行政区域内的肥料监督管理工作。

第二章　登记申请

第八条　凡经工商注册，具有独立法人资格的肥料生产者均可提出肥料登记申请。

第九条　农业部制定并发布《肥料登记资料要求》。肥料生产者申请肥料登记，应按照《肥料登记资料要求》提供产品化学、肥效、安全性、标签等方面资料和有代表性的肥料样品。

第十条　农业部种植业管理司负责或委托办理肥料登记受理手续，并审查登记申请资料是否齐全。境内生产者申请肥料临时登记，其申请登记资料应经其所在地省级农业行政主管部门初审后，向农业部种植业管理司或其委托的单位提出申请。

第十一条　生产者申请肥料临时登记前，须在中国境内进行规范的田间试验。生产者申请肥料正式登记前，须在中国境内进行规范的田间示范试验。对有国家标准或行业标准，或肥料登记评审委员会建议经农业部认定的产品类型，可相应减免田间试验和/或田间示范试验。

第十二条　境内生产者生产的除微生物肥料以外的肥料产品田间试验，由省级以上农业行政主管部门认定的试验单位承担，并出具试验报告；微生物肥料、国外以及港、澳、台地区生产者生产的肥料产品田间试验，由农业部认定的试验单位承担，并出具试验报告。肥料产品田间示范试验，由农业部认定的试验单位承担，并出具试验报告。省级以上农业行政主管部门在认定试验单位时，应坚持公正的原则，综合考虑农业技术推广、科研、教学试验单位。经认定的试验单位应接受省级以上农业行政主管部门的监督管理。试验单位对所出具的试验报告的真实性承担法律责任。

第十三条　有下列情形的肥料产品，登记申请不予受理：

（一）没有生产国使用证明（登记注册）的国外产品；

（二）不符合国家产业政策的产品；

（三）知识产权有争议的产品；

（四）不符合国家有关安全、卫生、环保等国家或行业标准要求的产品。

第十四条　对经农田长期使用，有国家或行业标准的下列产品免予登记：硫酸铵，尿素，硝酸铵，氰氨化钙，磷酸铵（磷酸一铵、二铵），硝酸磷肥，过磷酸钙，氯化钾，硫酸钾，硝酸钾，氯化铵，碳酸氢铵，钙镁磷肥，磷酸二氢钾，单一微量元素肥，高浓度复合肥。

第三章　登记审批

第十五条　农业部负责全国肥料的登记审批、登记证发放和公告工作。

第十六条　农业部聘请技术专家和管理专家组织成立肥料登记评审委员会，负责对申请登记肥料产品的产品化学、肥效和安全性等资料进行综合评审。

第十七条　农业部根据肥料登记评审委员会的综合评审意见，审批、发放肥料临时登记证或正式登记证。

肥料登记证使用《中华人民共和国农业部肥料审批专用章》。

第十八条　农业部对符合下列条件的产品直接审批、发放肥料临时登记证：

（一）有国家或行业标准，经检验质量合格的产品。

（二）经肥料登记评审委员会建议并由农业部认定的产品类型，申请登记资料齐全，经检验质量合格的产品。

第十九条　农业部根据具体情况决定召开肥料登记评审委员会全体会议。

第二十条　肥料商品名称的命名应规范，不得有误导作用。

第二十一条　肥料临时登记证有效期为一年。肥料临时登记证有效期满，需要继续生产、销售该产品的，应当在有效期满两个月前提出续展登记申请，符合条件的经农业部批准续展登记。续展有效期为一年。续展临时登记最多不能超过两次。

肥料正式登记证有效期为五年。肥料正式登记证有效期满，需要继续生产、销售该产品的，应当在有效期满六个月前提出续展登记申请，符合条件的经农业部批准续展登记。续展有效期为五年。

登记证有效期满没有提出续展登记申请的，视为自动撤销登记。登记证有效期满后提出续展登记申请的，应重新办理登记。

第二十二条 经登记的肥料产品，在登记有效期内改变使用范围、商品名称、企业名称的，应申请变更登记；改变成分、剂型的，应重新申请登记。

第四章 登记管理

第二十三条 肥料产品包装应有标签、说明书和产品质量检验合格证。标签和使用说明书应当使用中文，并符合下列要求：

（一）标明产品名称、生产企业名称和地址；

（二）标明肥料登记证号、产品标准号、有效成分名称和含量、净重、生产日期及质量保证期；

（三）标明产品适用作物、适用区域、使用方法和注意事项；

（四）产品名称和推荐适用作物、区域应与登记批准的一致；

禁止擅自修改经过登记批准的标签内容。

第二十四条 取得登记证的肥料产品，在登记有效期内证实对人、畜、作物有害，经肥料登记评审委员会审议，由农业部宣布限制使用或禁止使用。

第二十五条　农业行政主管部门应当按照规定对辖区内的肥料生产、经营和使用单位的肥料进行定期或不定期监督、检查，必要时按照规定抽取样品和索取有关资料，有关单位不得拒绝和隐瞒。对质量不合格的产品，要限期改进。对质量连续不合格的产品，肥料登记证有效期满后不予续展。

第二十六条　肥料登记受理和审批单位及有关人员应为生产者提供的资料和样品保守技术秘密。

第五章　罚　　则

第二十七条　有下列情形之一的，由县级以上农业行政主管部门给予警告，并处违法所得 3 倍以下罚款，但最高不得超过 30 000 元；没有违法所得的，处 10 000 元以下罚款：

（一）生产、销售未取得登记证的肥料产品；

（二）假冒、伪造肥料登记证、登记证号的；

（三）生产、销售的肥料产品有效成分或含量与登记批准的内容不符的。

第二十八条　有下列情形之一的，由县级以上农业行政主管部门给予警告，并处违法所得 3 倍以下罚款，但最高不得超过 20 000 元；没有违法所得的，处 10 000 元以下罚款：

（一）转让肥料登记证或登记证号的；

（二）登记证有效期满未经批准续展登记而继续生产

该肥料产品的；

（三）生产、销售包装上未附标签、标签残缺不清或者擅自修改标签内容的。

第二十九条 肥料登记管理工作人员滥用职权，玩忽职守、徇私舞弊、索贿受贿，构成犯罪的，依法追究刑事责任；尚不构成犯罪的，依法给予行政处分。

第六章 附 则

第三十条 生产者办理肥料登记，应按规定交纳登记费。生产者进行田间试验和田间示范试验，应按规定提供有代表性的试验样品并支付试验费。试验样品须经法定质量检测机构检测确认样品有效成分及其含量与标明值相符，方可进行试验。

第三十一条 省、自治区、直辖市人民政府农业行政主管部门负责本行政区域内的复混肥、配方肥（不含叶面肥）精制有机肥、床土调酸剂的登记审批、登记证发放和公告工作。省、自治区、直辖市人民政府农业行政主管部门不得越权审批登记。省、自治区、直辖市人民政府农业行政主管部门参照本办法制定有关复混肥、配方肥（不含叶面肥）精制有机肥、床土调酸剂的具体登记管理办法，并报农业部备案。省、自治区、直辖市人民政府农业行政主管部门可委托所属的土肥机构承担本行政区域内的具体肥料登记工作。

第三十二条 省、自治区、直辖市农业行政主管部门批准登记的复混肥、配方肥（不含叶面肥）精制有机肥、床土调酸剂,只能在本省销售使用。如要在其他省区销售使用的,须由生产者、销售者向销售使用地省级农业行政主管部门备案。

第三十三条　下列产品适用本办法:

(一)在生产、积造有机肥料过程中,添加的用于分解、熟化有机物的生物和化学制剂;

(二)来源于天然物质,经物理或生物发酵过程加工提炼的,具有特定效应的有机或有机无机混合制品,这种效应不仅包括土壤、环境及植物营养元素的供应,还包括对植物生长的促进作用。

第三十四条　下列产品不适用本办法:

(一)肥料和农药的混合物;

(二)农民自制自用的有机肥料。

第三十五条　本办法下列用语定义为:

(一)配方肥是指利用测土配方技术,根据不同作物的营养需要、土壤养分含量及供肥特点,以各种单质化肥为原料,有针对性地添加适量中、微量元素或特定有机肥料,采用掺混或造粒工艺加工而成的,具有很强的针对性和地域性的专用肥料;

(二)叶面肥是指施于植物叶片并能被其吸收利用的肥料;

(三)床土调酸剂是指在农作物育苗期,用于调节育苗床土酸度(或 pH 值)的制剂;

(四)微生物肥料是指应用于农业生产中,能够获得特定肥料效应的含有特定微生物活体的制品,这种效应不仅包括了土壤、环境及植物营养元素的供应，还包括了其所产生的代谢产物对植物的有益作用；

（五）有机肥料是指来源于植物和/或动物，经发酵、腐熟后，施于土壤以提供植物养分为其主要功效的含碳物料；

（六）精制有机肥是指经工厂化生产的，不含特定肥料效应微生物的，商品化的有机肥料；

（七）复混肥是指氮、磷、钾三种养分中，至少有两种养分标明量的肥料，由化学方法和/或物理加工制成；

（八）复合肥是指仅由化学方法制成的复混肥。

第三十六条　本办法所称“违法所得”是指违法生产、经营肥料的销售收入。

第三十七条　本办法由农业部负责解释。

第三十八条　本办法自发布之日起施行。农业部1989年发布、1997年修订的《中华人民共和国农业部关于肥料、土壤调理剂及植物生长调节剂检验登记的暂行规定》同时废止。

九、国标 18382－2001

为了规范肥料标识，国家质量监督检验检疫局于2001年7月26日发布了《肥料标识·内容和要求》（Fertilizer marking－presentation and declaration）国家标准（GB 18382－2001）。自2002年1月1日起，肥料生产企业生产的肥料销售包装上的肥料标识应符合该标准；自2002年7月1日起，市场上停止销售肥料标识不符合该标准的肥料。该标准为强制执行性标准，由全国肥料和土壤调理剂标准化技术委员会归口并负责解释。现将主要内容刊登如下。

前　　言

本标准为全文强制

本标准非等效采用 ISO 7409：1984。

与 ISO 7409：1984 相比，本标准增加了相关的术语定义，同时根据国家的有关法律、法规和规章，增加了相应的标识内容要求。

自 2002 年 1 月 1 日起，肥料生产企业生产的肥料销售包装上的肥料标识应符合该标准；自 2002 年 7 月 1 日起，市场上停止销售肥料标识不符合该标准的肥料。

本标准由国家石油和化学工业局提出。

本标准由全国肥料和土壤调理剂标准化技术委员会归口并负责解释。

本标准起草单位：国家化肥质量监督检验中心（上海）。

本标准主要起草人：刘刚、张小沁、杨一。

本标准为首次发布。

ISO 前言

ISO（国际标准化组织）是一个世界性的国家标准团体（ISO 成员团体）的联合机构。国际标准的制定工作通常通过ISO各技术委员会进行。凡对已建立技术委员会项目感兴趣的每个成员团体均有机会加入该技术委员会,和ISO有联系的各政府的或非政府的国际组织也可参加这一工作。

经技术委员会采纳的国际标准草案,在由ISO理事会批准为国际标准之前,要先发给各成员团体通过。

ISO 7409国际标准是由ISO/TC 134肥料和土壤调理剂技术委员会制定的,并于1981年发给各成员单位。

此标准已由下列国家的成员单位通过:

奥地利	意大利	罗马尼亚
捷克斯洛伐克	肯尼亚	南非
埃及	朝鲜	斯里兰卡
西德	墨西哥	英国
匈牙利	荷兰	美国
伊拉克	挪威	苏联
以色列	波兰	葡萄牙

1 范围

本标准规定了肥料标识的基本原则、一般要求及标识内容等。

本标准适用于中华人民共和国境内生产、销售的肥料。

2 引用标准

下列标准所包含的条文,通过在本标准中引用而构成为本标准的条文。本标准出版时,所示版本均为有效。所有标准都会被修订,使用本标准的各方应探讨使用下列标准最新版本的可能性。

GB 190－1990　危险货物包装标志

GB 191－2000　包装储运图示标志

GB/T 14436－1993　工业产品保证文件总则

（在这里要说明了一个事情，就是每个件或者每个袋子都要求有合格证明，当然农户常见的尿素除外，这个产品有特殊性）

3　定义

本标准采用下列定义：

3.1　标识 marking

用于识别肥料产品及其质量、数量、特征和使用方法所做的各种表示的统称。标识可以用文字、符号、图案以及其他说明物等表示。

3.2　标签 label

供识别肥料和了解其主要性能而附以必要资料的纸片、塑料片或者包装袋等容器的印刷部分。

3.3　包装肥料 packed fertilizer

预先包装于容器中，以备交付给客户的肥料。

3.4　容器 container

直接与肥料相接触并可按其单位量运输或贮存的密闭贮器（例如袋、瓶、槽、桶）。

注：个别国家肥料超大尺寸包装的产品称为散装。

3.5　肥料 fertilizer

以提供植物养分为其主要功效的物料。

3.6 缓效肥料 slow - release fertilizer

养分所呈的化合物或物理状态，能在一段时间内缓慢释放供植物持续吸收利用的肥料。

3.7 包膜肥料 coated fertilizer

为改善肥料功效和(或)性能，在其颗粒表面涂以其他物质薄层制成的肥料。

3.8 复混肥料 compound fertilizer

氮、磷、钾三种养分中，至少有两种养分标明量的由化学方法和(或)掺混方法制成的肥料。

3.9 复合肥料 complex fertilizer

氮、磷、钾三种养分，至少有两种养分标明量的仅由化学方法制成的肥料，是复混肥料的一种。

3.10 有机 - 无机复混肥料 organic - inorganic compound fer - tilizer

含有一定量有机质的复混肥料。

3.11 单一肥料 straight fertilizer

氮、磷、钾三种养分中，仅具有一种养分标明量的氮肥、磷肥或钾肥的通称。

3.12 大量元素(主要养分) primary nutrient; macronutri - ent

对元素氮、磷、钾的通称。

3.13 中量元素(次要养分) secondary element; nutrient

对元素钙、镁、硫等的通称。

3.14 微量元素(微量养分) trace element; micronutrient

植物生长所必需的，但相对来说是少量的元素，例如硼、锰、铁、锌、铜、钼或钴等。

3.15　肥料品位 fertilizer grade

以百分数表示的肥料养分含量。

3.16　配合式 formula

按 $N - P_2O_5 - K_2O$（总氮 - 有效五氧化二磷 - 氧化钾）顺序，用阿拉伯数字分别表示其在复混肥料中所占百分比含量的一种方式。

注："0"表示肥料中不含该元素。

3.17　标明量 declarable content

在肥料或土壤调理剂标签或质量证明书上标明的元素（或氧化物）含量。

3.18　总养分 total primary nutrient

总氮、有效五氧化二磷和氧化钾含量之和，以质量百分数计。

4　原理

规定标识的主要内容及定出肥料包装容器上的标识尺寸、位置、文字、图形等大小，以使用户鉴别肥料并确定其特性。这些规定因所用的容器不同而异：

——装大于 25 kg（或 25 L）肥料的，或

——装 5 ~ 25 kg（或 5 ~ 25 L）肥料的，或

——装小于 5 kg（或 5 L）肥料的。

5　基本原则

5.1　标识所标注的所有内容，必须符合国家法律和

法规的规定,并符合相应产品标准的规定。

5.2 标识所标注的所有内容,必须准确、科学、通俗易懂。

5.3 标识所标注的所有内容,不得以错误的、引起误解的欺骗性的方式描述或介绍肥料。

5.4 标识所标注的所有内容,不得以直接或间接暗示性的语言、图形、符号导致用户将肥料或肥料的某一性质与另一肥料产品混淆。

6 一般要求

标识所标注的所有内容,应清楚并持久地印刷在统一的并形成反差的基底上。

6.1 文字

标识中的文字应使用规范汉字,可以同时使用少数民族文字、汉语拼音及外文(养分名称可以用化学元素符号或分子式表示),汉语拼音和外文字体应小于相应汉字和少数民族文字。

应使用法定计量单位。

6.2 图示

应符合 GB 190 和 GB 191 的规定。

6.3 颜色

使用的颜色应醒目、突出、易使用户特别注意并能迅速识别。

6.4 耐久性和可用性

直接印在包装上,应保证在产品的可预计寿命期内的耐久性，并保持清晰可见。

6.5　标识的形式

分为外包装标识、合格证、质量证明书、说明书及标签等。

7　标识内容

7.1　肥料名称及商标

7.1.1　应标明国家标准、行业标准已经规定的肥料名称。对商品名称或者特殊用途的肥料名称，可在产品名称下以小1号字体(见10.1.3)予以标注。

7.1.2　国家标准、行业标准对产品名称没有规定的，应使用不会引起用户、消费者误解和混淆的常用名称。

7.1.3　产品名称不允许添加带有不实、夸大性质的词语，如“高效×××”、“×××肥王”、“全元素×××肥料”等。

7.1.4　企业可以标注经注册登记的商标。

7.2　肥料规格、等级和净含量

7.2.1　肥料产品标准中已规定规格、等级、类别的，应标明相应的规格、等级、类别。若仅标明养分含量，则视为产品质量全项技术指标符合养分含量所对应的产品等级要求。

7.2.2　肥料产品单件包装上应标明净含量。净含量标注应符合《定量包装商品计量监督规定》的要求。

7.3　养分含量

应以单一数值标明养分的含量。

7.3.1 单一肥料

7.3.1.1 应标明单一养分的百分含量。

7.3.1.2 若加入中量元素、微量元素，可标明中量元素、微量元素（以元素单质计，下同），应按中量元素、微量元素两种类型分别标明各单养分含量及各自相应的总含量，不得将中量元素、微量元素含量与主要养分相加。微量元素含量低于0.02%或（和）中量元素含量低于2%的不得标明。

7.3.2 复混肥料（复合肥料）

7.3.2.1 应标明 N、P_2O_5、K_2O 总养分的百分含量，总养分标明值应不低于配合式中单养分标明值之和，不得将其他元素或化合物计入总养分。

7.3.2.2 应以配合式分别标明总氮、有效五氧化二磷、氧化钾的百分含量，如氮磷钾复混肥料 15－15－15。二元肥料应在不含单养分的位置标以"0"，如氮钾复混肥料 15－0－10。

7.3.2.3 若加入中量元素、微量元素，不在包装容器和质量证明书上标明（有国家标准或行业标准规定的除外）。

7.3.3 中量元素肥料

7.3.3.1 应分别单独标明各中量元素养分含量及中量元素养分含量之和。含量小于2%的单一中量元素不得标明。

7.3.3.2 若加入微量元素，可标明微量元素，应分别标明各微量元素的含量及总含量，不得将微量元素含量与中量元素相加。其他要求同7.3.1.2。

7.3.4　微量元素肥料

应分别标出各种微量元素的单一含量及微量元素养分含量之和。

7.3.5　其他肥料

参照7.3.1和7.3.2执行。

7.4　其他添加含量

7.4.1　若加入其他添加物,可标明其他添加物,应分别标明各添加物的含量及总含量,不得将添加物含量与主要养分相加。

7.4.2　产品标准中规定需要限制并标明的物质或元素等应单独标明。

7.5　生产许可证编号

对国家实施生产许可证管理的产品,应标明生产许可证的编号。

7.6　生产者或经销者的名称、地址应标明经依法登记注册并能承担产品质量责任的生产者或经销者名称、地址。

7.7　生产日期或批号

应在产品合格证、质量证明书或产品外包装上标明肥料产品的生产日期或批号。

7.8　肥料标准

7.8.1　应标明肥料产品所执行的标准编号。

7.8.2　有国家或行业标准的肥料产品,如标明标准中未有规定的其他元素或添加物,应制定企业标准,该企业标准应包括所添加元素或添加物的分析方法，并应同时标明国家标准（或行业标准）和企业标准。

7.9 警示说明

运输、贮存、使用过程中不当，易造成财产损坏或危害人体健康和安全的，应有警示说明。

7.10 其他

7.10.1 法律、法规和规章另有要求的，应符合其规定。

7.10.2 生产企业认为必要的，符合国家法律、法规要求的其他标识。

8 标签

8.1 粘贴标签及其他相应标签

如果容器的尺寸及形状允许，标签的标识区最小应为 120 mm × 70 mm，最小文字高度至少为 3 mm，其余应符合本标准第 10 章的规定。

8.2 系挂标签

系挂标签的标识区最小应为 120 mm × 70 mm，最小文字高度至少为 3 mm，其余应符合本标准第 10 章的规定。

9 质量证明书或合格证

应符合 GB/T 14436 的规定。

10 标识印刷

10.1 装大于 25 kg（或 25 L）肥料的容器

10.1.1 标识区位置及区面积

一块矩形区间，其总面积至少为所选用面的 40%，该选用面应为容器的主要面之一,标识内容应打印在该面积内。区间的各边应与容器的各边相平行。

区内所有标识,均应水平方向按汉字顺序印刷,不得垂直或斜向印刷标识内容。

10.1.2 主要项目标识尺寸

根据打印标识区的面积(10.1.1),应采用三种标识尺寸,以使标识标注内容能清楚地布置排列,这三种尺寸应为 X/Y/Z 比例,它仅能在如表 1 所示范围内变化,最小字体的高度至少应为 10 mm。

表 1 三种标识尺寸比例

最小字体尺寸(mm)	尺寸比例 小(X)/中(Y)/大(Z)	
	最小比例	最大比例
≤20	1/2/4	1/3/9
>20	1/1.5/3	1/2.5/7

10.1.3 标识区内主要项目和文字尺寸

标识标注内容应用印刷文字,标识项目的尺寸应符合表 2 要求。

表 2 标识区内要项目和文字尺寸

序号	标识标注主要内容	文字		
		小(X)	中(Y)	大(Z)
1	肥料名称及商标			
2	规格、等级及类型			

续表 2

<table>
<tr><th rowspan="2">序号</th><th rowspan="2" colspan="2">标识标注主要内容</th><th colspan="3">文字</th></tr>
<tr><th>小(X)</th><th>中(Y)</th><th>大(Z)</th></tr>
<tr><td rowspan="4">3</td><td rowspan="4">组成</td><td>作为主要标识内容的养分或总养分</td><td></td><td></td><td></td></tr>
<tr><td>配合式(单养分标明值)</td><td></td><td></td><td></td></tr>
<tr><td>产品标准规定应单独标明的项目,如氯含量、枸溶性磷等</td><td></td><td></td><td></td></tr>
<tr><td>作为附加标识内容的元素、养分或其他添加物</td><td></td><td></td><td></td></tr>
<tr><td>4</td><td colspan="2">产品标准编号</td><td></td><td></td><td></td></tr>
<tr><td>5</td><td colspan="2">生产许可证号(适用于实施生产许可证管理的肥料)</td><td></td><td></td><td></td></tr>
<tr><td>6</td><td colspan="2">净含量</td><td></td><td></td><td></td></tr>
<tr><td>7</td><td colspan="2">生产或经销单位名称</td><td></td><td></td><td></td></tr>
<tr><td>8</td><td colspan="2">生产或经销单位地址</td><td></td><td></td><td></td></tr>
<tr><td>9</td><td colspan="2">其他</td><td></td><td></td><td></td></tr>
<tr><td colspan="6">注:进口肥料可不标注表中第 4、5 项,但应标明原产国或地区(指香港、澳门、台湾)</td></tr>
</table>

10.2 装 5 ~ 25 kg(或 5 ~ 25L)肥料的容器最小文字高度至少为 5 mm,其余应符合本标准 10.1 条的规定。

10.3 装 5 kg(或 5 L)以下肥料容器

如容器尺寸及形状允许,标识区最小尺寸应为 12 mm × 70 mm,最小文字高度至少为 3 mm,其余应符合本标准 10.1 条的规定。

参考文献

1. 褚天铎，等. 化肥科学使用指南. 金盾出版社，2002.6

2. 冯浔，等. 新疆小麦优质高产栽培技术. 新疆科技卫生出版社，1998.10

3. 纪从亮，等. 棉花高产优质高效栽培实用技术. 中国农业出版社，2002.5

4. 郑斐能，洪锡午，韩德元，朱成城. 农药使用技术手册. 中国农业出版社，2000.9

后　记

有的时候，我很庆幸我在做农业，很多的时候，农业不被人重视，但是农业关系到国计民生，看到农民朋友一个个富裕，笑容在他们脸上浮现的时候，就会有一种特别的感觉。

农民朋友绝大多数文化水平比较低，这是一个社会现状，所以在写这本书的时候，大量的篇幅，我们都是按照农民能看懂的语言写的。

清风拂过，历史的人物灵与肉都已经化成烟尘。

记得几年前，有很多的学者讨论将国家的农民土地转变为流动的房产用地，以平衡房价。当问起吃饭怎么解决，回答说：向国外购买。

我有点语塞，我学农业出身，所以，知道这个所谓的专家要不就是历史盲，要不就是哗众取宠。

当国外的粮价都已经高高在上的时候，我们国家的粮食还是处在低位的价格，要知道，除了国家的控制之外，有很多很多的农民在背后的辛苦。

历史上的改朝换代，多数都是由农业而造成的。人口增多，但是粮食没有增加，造成了很多次的农民起义，从而削弱了国家的基础。

“仓廪实而知礼节，衣食足而知荣辱”。管仲在两千多年前都知晓的道理,到今天仍然是很正确。

农业科技人员可以说是促进国民经济发展的中流砥柱。

很多的人,问我们农业科技人员:在很多的时候,起早贪黑的到农民地中,所做服务,有什么意义吗?

我们告知,有一种行为,叫做信念。有一种心态,叫做责任。

我们执着地认为,为农民提高产量而服务,是我们的责任。

我们用全心全意,为降低农民的投入,提高农民的产量,扩展农民的收入来源,努力奋斗着。

为你省钱,为你增产,为你提高收入。这就是我们为农民服务的目的所在。

为农民服务,是我们的责任,是我们的宗旨,是我们前仆后继,众志成城的一个目标。这是我们作为农业科技人员的集体精神,这是我们成立以来的传统,传统是什么,传统是一种气质,一种性格,不管岁月流逝,人员更迭,但集体精神却永远传递,这是农业科技人员的灵魂。

虽沧海横流,却亘古不变。

愿世界会出现清风明月的世界。